Mantenimiento y mejora de las instalaciones en los edificios

Víctor García-Márquez Robledillo

Juan González Jiménez

Joaquín González Pérez

ic editorial

Mantenimiento y mejora de las instalaciones en los edificios

1ª Edición

Editado por: IC Editorial
c/ Cueva de Viera, 2, Local 3
Centro Negocios CADI
29200 Antequera (Málaga)
Teléfono: 952 70 60 04
Fax: 952 84 55 03
Correo electrónico: iceditorial@iceditorial.com
Internet: www.iceditorial.com

ISBN: 978-84-1184-598-4
Depósito Legal: MA 210-2025

Impresión: PODiPrint
Impreso en Andalucía – España

Nota de la editorial: IC Editorial pertenece a Innovación y Cualificación S. L.

Presentación del manual

El **Certificado de Profesionalidad** es el instrumento de acreditación, en el ámbito de la Administración laboral, de las cualificaciones profesionales del Catálogo Nacional de Cualificaciones Profesionales adquiridas a través de procesos formativos o del proceso de reconocimiento de la experiencia laboral y de vías no formales de formación.

El elemento mínimo acreditable es la **Unidad de Competencia.** La suma de las acreditaciones de las unidades de competencia conforma la acreditación de la competencia general.

Una **Unidad de Competencia** se define como una agrupación de tareas productivas específica que realiza el profesional. Las diferentes unidades de competencia de un certificado de profesionalidad conforman la **Competencia General,** definiendo el conjunto de conocimientos y capacidades que permiten el ejercicio de una actividad profesional determinada.

Cada **Unidad de Competencia** lleva asociado un **Módulo Formativo,** donde se describe la formación necesaria para adquirir esa **Unidad de Competencia,** pudiendo dividirse en **Unidades Formativas.**

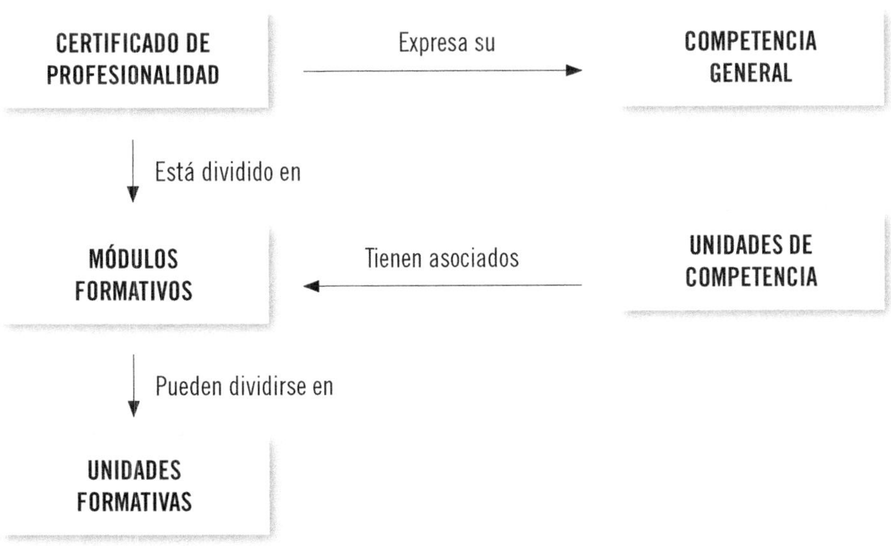

El presente manual desarrolla la Unidad Formativa **UF0568: Mantenimiento y mejora de las instalaciones en los edificios,**

perteneciente al Módulo Formativo **MF1194_3: Evaluación de la eficiencia energética de las instalaciones en edificios,**

asociado a la unidad de competencia **UC1194_3: Evaluar la eficiencia energética de las instalaciones de edificios,**

del Certificado de Profesionalidad **Eficiencia energética de edificios.**

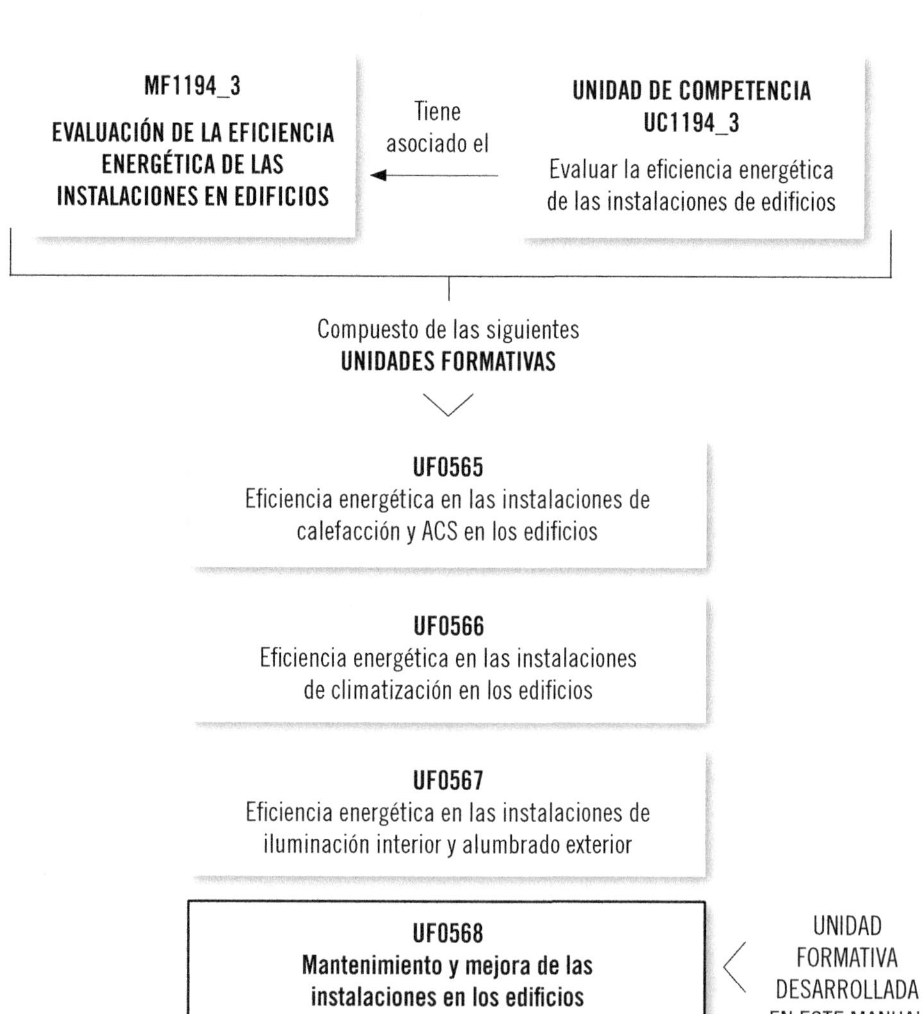

FICHA DE CERTIFICADO DE PROFESIONALIDAD

(ENAC0108) EFICIENCIA ENERGÉTICA DE EDIFICIOS (R. D. 643/2011, 9 de mayo)

COMPETENCIA GENERAL: Gestionar el uso eficiente de la energía, evaluando la eficiencia de las instalaciones de energía y agua en edificios, colaborando en el proceso de certificación energética de edificios, determinando la viabilidad de implantación de instalaciones solares, promocionando el uso eficiente de la energía y realizando propuestas de mejora, con la calidad exigida, cumpliendo la reglamentación vigente y en condiciones de seguridad.

<table>
<tr><th>Cualificación profesional de referencia</th><th colspan="2">Unidades de competencia</th><th>Ocupaciones o puestos de trabajo relacionados:</th></tr>
<tr><td rowspan="5">ENA358_3 EFICIENCIA ENERGÉTICA DE EDIFICIOS

(R. D. 1698/2007, de 14 de diciembre de 2007)</td><td>UC1194_3</td><td>Evaluar la eficiencia energética de las instalaciones de edificios.</td><td rowspan="5">• Gestor energético
• Promotor de programas de eficiencia energética
• Ayudante de procesos de certificación energética de edificios
• Técnico de eficiencia energética de edificios</td></tr>
<tr><td>UC1195_3</td><td>Colaborar en el proceso de certificación energética de edificios.</td></tr>
<tr><td>UC1196_3</td><td>Gestionar el uso eficiente del agua en edificación.</td></tr>
<tr><td>UC1197_3</td><td>Promover el uso eficiente de la energía.</td></tr>
<tr><td>UC0842_3</td><td>Determinar la viabilidad de proyectos de instalaciones solares.</td></tr>
</table>

Correspondencia con el Catálogo Modular de Formación Profesional		
Módulos certificado	Unidades formativas	Horas
MF1194_3: Evaluación de la eficiencia energética de las instalaciones en edificios	UF0565: Eficiencia energética en las instalaciones de calefacción y ACS en los edificios	90
	UF0566: Eficiencia energética en las instalaciones de climatización en los edificios	90
	UF0567: Eficiencia energética en las instalaciones de iluminación interior y alumbrado exterior	60
	UF0568: Mantenimiento y mejora de las instalaciones en los edificios	60
MF1195_3: Certificación energética de edificios	UF0569: Edificación y eficiencia energética en los edificios	90
	UF0570: Calificación energética de los edificios	60
	UF0571: Programas informáticos en eficiencia energética en edificios	90
MF1196_3: Eficiencia en el uso del agua en edificios	UF0572: Instalaciones eficientes de suministro de agua y saneamiento en edificios	60
	UF0573: Mantenimiento eficiente de las instalaciones de suministro de agua y saneamiento en edificios	40
MF1197_3: Promoción del uso eficiente de la energía en edificios		40
MF0842_3: Estudios de viabilidad de instalaciones solares	UF0212: Determinación del potencial solar	40
	UF0213: Necesidades energéticas y propuestas de instalaciones solares	80
MP0122 Módulo de prácticas profesionales no laborales		120

Índice

Capítulo 4
Informes de mejora de eficiencia energética

Capítulo 5
Prevención de riesgos y seguridad

Capítulo 6
Normativa y recomendaciones sobre el uso eficiente de la energía en edificios

Capítulo 1

Organización del mantenimiento eficiente de las instalaciones energéticas en edificios

Contenido

1. Introducción

Hoy en día no se concibe una vivienda sin agua caliente y calefacción o unas oficinas sin un equipo de climatización. Esto, tan importante para el confort diario de las personas, se produce gracias a las instalaciones energéticas de los edificios.

Pero una instalación, al igual que muchas otras partes del edificio, es un elemento que requiere una serie de tareas para que se asegure que su funcionamiento sea el esperado, es decir, es necesario realizar un mantenimiento de la misma. Es tal la importancia de algunas instalaciones, que a veces dicho mantenimiento está regulado legalmente.

Destacar que, aun con características dependientes del tipo de instalación, las técnicas de mantenimiento empleadas se basan, por un lado, en unas tareas preventivas, que son unas medidas e inspecciones periódicas para adelantarse al fallo o mal funcionamiento de la instalación, y por otro lado, en las tareas correctivas, que son la consecuencia de que previamente se haya producido un funcionamiento anormal o avería en la instalación.

2. Tipos de mantenimiento. Función y objetivos

Las instalaciones de los edificios necesitan un mantenimiento continuo y exhaustivo. Aunque no son las únicas, se distinguen dos técnicas de mantenimiento, que aun aplicándose por separado, no deben excluirse una a otra. El mantenimiento ideal sería una combinación en una justa medida de las dos.

Dichas técnicas son:

- Mantenimiento preventivo.
- Mantenimiento correctivo.

2.1. Mantenimiento preventivo. Funciones y objetivos

El mantenimiento preventivo es aquel que se aplica cuando todavía no se ha producido una avería o incidencia debido a las condiciones de trabajo o al funcionamiento inadecuado de las instalaciones.

Por tanto, el objetivo principal del mantenimiento preventivo es reducir la frecuencia de averías o incidencias en las instalaciones del edificio.

La función del mantenimiento preventivo es realizar inspecciones periódicas de las instalaciones para prevenir posibles fallas, o sustituir diversos componentes debido a su deterioro. Por tanto, el mantenimiento preventivo requiere de cierta planificación para tener claros los periodos de inspección y partes a inspeccionar.

Todas estas inspecciones se deberán registrar detalladamente, ya que servirán en el futuro para poder prever averías o la forma de solucionarlas. Si este registro o archivo de inspecciones y/o incidencias no se realizara de forma ordenada y detallada, podría acarrear el aumento de coste y tiempo de las operaciones de reparación tan necesarias en las instalaciones de los edificios.

Una característica del mantenimiento preventivo es su periodicidad, ya que se basa en una serie de operaciones que se repiten cada cierto tiempo o periodo, el cual dependerá del tipo de instalación o de la tarea realizada.

Un ejemplo de mantenimiento preventivo en edificios es la revisión de las instalaciones de gas natural. Dichas inspecciones se realizan de forma periódica y sin necesidad de que haya habido alguna incidencia.

2.2. Mantenimiento correctivo. Funciones y objetivos

El mantenimiento correctivo recoge todas aquellas actuaciones que deberán realizarse cuando se haya producido una avería que deba ser reparada.

Por tanto, el objetivo fundamental del mantenimiento correctivo es la reparación de la avería en el momento, y por eso las tareas de mantenimiento correctivo no necesitan una planificación exhaustiva como sucede con las tareas de mantenimiento preventivo.

Para realizar las **funciones** de mantenimiento correctivo, en primer lugar, se deberá evaluar la urgencia de la avería, y una vez evaluada se deberá solventar la avería, intentando buscar soluciones alternativas que puedan mantener el servicio averiado durante las horas de reparación.

Ejemplo

Se ha producido una avería en el centro de transformación que suministra la electricidad a una zona industrial. Para arreglarlo se deberá aplicar el mantenimiento correctivo, ya que la avería no estaba prevista. Para impedir una parada prolongada de la zona industrial se estudiará el conectar las instalaciones a otro centro de transformación durante la reparación del primero.

Actividades

1. Señalar qué diferencias existen entre el mantenimiento preventivo y el correctivo. Poner un ejemplo de cada uno.

3. Mantenimiento preventivo. Tareas de mantenimiento preventivo

Aunque el objetivo del mantenimiento preventivo de "adelantarse a la avería", no varía de unas instalaciones a otras del edificio, lo que sí es variable son la planificación, periodicidad y operaciones a realizar en cada tipo de instalación.

Dada la gran importancia que tienen para la sociedad las instalaciones de los edificios, existe normativa para regular el mantenimiento de estas instalaciones. Dicha normativa es el Real Decreto 178/2021, de 23 de marzo, por el que se modifica el Real Decreto 1027/2007, de 20 de julio, por el que se aprueba el Reglamento de Instalaciones Térmicas en los Edificios.

Tal y como se indica en el R. D. 178/2021, el mantenimiento de las instalaciones se realizará de acuerdo al manual de uso y mantenimiento de la instalación en caso de su existencia. Independientemente, dicho Real Decreto señala unas periodicidades de mantenimiento mínimas dependiendo de la instalación, el uso del edificio, tipo de aparatos y la potencia nominal, tal y como se refleja a continuación:

TABLA 3.1. DEL R. D. 178/2021 DONDE SE INDICA LA PERIODICIDAD DE LAS OPERACIONES DE MANTENIMIENTO PREVENTIVO

Equipos y potencias útiles nominales (Pn)	Usos	
	Viviendas	Restantes usos
Calentadores de agua caliente sanitaria a gas Pn ≤ 24,4 kW	5 años	2 años
Calentadores de agua caliente sanitaria a gas 24,4 kW < Pn ≤ 70 kW	2 años	anual
Calderas murales a gas Pn ≤ 70 kW	2 años	anual
Resto instalaciones calefacción 70 kW ≤ Pn	anual	anual
Aire acondicionado Pn ≤12 kW	4 años	2 años
Aire acondicionado 12 kW < Pn ≤ 70 kW	2 años	anual
Instalaciones de potencia superior a 70 kW	mensual	mensual

El R. D. 178/2021 también señala que en aquellas instalaciones que tengan una potencia útil nominal menor de 70 kW, y que dispongan de una supervisión remota en continuo, la periodicidad de mantenimiento se puede incrementar hasta 2 años, siempre que se garanticen las condiciones de seguridad y eficiencia energética. Adicionalmente añade que siempre se tendrán en cuenta las especificaciones concretas de los fabricantes de los equipos de las instalaciones.

Igualmente, el R. D. 178/2021 indica que en las instalaciones de potencia menor o igual a 70 kW, en caso de no existir manual de uso y mantenimiento, estas se mantendrán de acuerdo al criterio profesional de la empresa mantenedora. A título orientativo, esta norma ofrece las tareas de mantenimiento que se deben ejecutar en las instalaciones, siendo sus periodicidades las reflejadas en la tabla 3.1.

En cambio, en instalaciones de potencia mayor de 70 kW, la empresa mantenedora contratada deberá elaborar un manual de uso y mantenimiento que entregará al titular de la instalación cuando este no exista. Dicha norma ofrece una tabla con las operaciones a realizar en los distintos componentes de las instalaciones. Destacar que el R. D. 178/2021 responsabiliza a la empresa mantenedora o al director del mantenimiento de la actualización y adecuación permanente de las tareas de mantenimiento a las características técnicas de la instalación.

A continuación se ofrecen, a modo orientativo, los contendidos que deberán tener los programas de mantenimiento en las instalaciones de calefacción, Agua Caliente Sanitaria (ACS) y climatización, teniendo en cuenta la normativa vigente.

3.1. Programa de mantenimiento preventivo en instalaciones de calefacción

Las instalaciones de calefacción son fundamentales en los edificios. En ellas las operaciones de mantenimiento son muy importantes, ya que con una buena supervisión y manteniendo preventivo se podrán obtener mejores resultados desde el punto de vista de la eficiencia energética.

Los principales trabajos de mantenimiento comprenden la limpieza y conservación de los elementos que integran el equipo de calefacción. Si estas tareas se llevan a cabo con eficacia, el resultado será un ahorro de combustible de la caldera, y por tanto, una reducción del gasto en calefacción y en emisión de gases a la atmósfera, los cuales producen contaminación.

Por otro lado, si una instalación de calefacción no se limpiara bien, se podría producir la combustión incompleta de los gases, que puede provocar riesgos para la salud, e incluso la muerte.

Sabía que...

En las combustiones incompletas se producen unos elevados niveles de monóxido de carbono (CO). Dicho gas es muy tóxico y cuando se respira puede provocar la muerte, ya que se produce envenenamiento por la sustitución del oxígeno por monóxido de carbono en el cuerpo.

Actividades

2. Indicar si supone un ahorro económico el mantenimiento de la instalación de calefacción. Razonar la respuesta.

Operaciones de mantenimiento en instalaciones de calefacción

Dada la importancia del mantenimiento de las instalaciones de calefacción, además de las operaciones rutinarias de limpieza realizadas por los usuarios, también es obligatoria la realización de un mantenimiento por parte de una empresa dedicada a tal menester. Dichas operaciones siempre deberán estar de acuerdo con el manual de uso y mantenimiento de la instalación, en caso de que exista.

A continuación, en la siguiente tabla se indican algunas de las operaciones de mantenimiento obligatorio según la normativa vigente en caso de que el manual no exista, o de las operaciones que debe incluir el manual en el caso de que se tenga que elaborar.

OPERACIONES DE MANTENIMIENTO EN INSTALACIONES DE CALEFACCIÓN DE PN MENOR O IGUAL DE 70 KW. LAS PERIODICIDADES ESTÁN DE ACUERDO CON LA TABLA 3.1. DEL R. D. 178/2021 Y DEPENDEN DEL TIPO, POTENCIA Y USO DE LA INSTALACIÓN

OPERACIÓN DE MANTENIMIENTO	PERIODICIDAD
Comprobación y limpieza, si procede, de circuito de humos de calderas. Comprobación y limpieza, si procede, de conductos de humos y chimenea. Limpieza, si procede, del quemador de la caldera. Revisión del vaso de expansión. Comprobación de estanquidad de cierre entre quemador y caldera. Comprobación de niveles de agua en circuitos. Comprobación de tarado de elementos de seguridad. Revisión y limpieza de filtros de agua. Revisión del estado del aislamiento térmico, especialmente en las instalaciones ubicadas a la intemperie. Revisión del sistema de control automático. Verificación del estado de la mezcla anticongelante (pH, grado de protección antihelada, etc.) y actuación del sistema de llenado. Revisión del estado del sistema de intercambio (limpieza, etc.) En caso de tratarse de un calentador atmosférico, comprobar que se cumplen los requisitos de ventilación exigidos en la norma UNE 60670-6:2014.	S/tabla 3.1 S/tabla 3.1 S/tabla 3.1 S/tabla 3.1 S/tabla 3.1 S/tabla 3.1 S/tabla 3.1 S/tabla 3.1 S/tabla 3.1

A continuación, se reflejan las operaciones y periodicidades de mantenimiento que se deberán incluir en el manual de uso y mantenimiento, en el caso de no existir, en las instalaciones de Potencia Nominal Útil mayor de 70 kW y en las instalaciones de Biomasa. En la tabla aparecen tanto las operaciones de las instalaciones de calefacción, como las de agua caliente sanitaria y las de refrigeración.

OPERACIONES DE MANTENIMIENTO EN INSTALACIONES DE CALEFACCIÓN DE PN MAYOR DE 70 KW Y EN INSTALACIONES DE BIOMASA	
OPERACIÓN DE MANTENIMIENTO	**PERIOD.**
Limpieza de los evaporadores.	t
Limpieza de los condensadores.	t
Drenaje, limpieza y tratamiento del circuito de torres de refrigeración.	2 t
Comprobación de la estanquidad y niveles de refrigerante y aceite en equipos frigoríficos.	m
Comprobación y limpieza, si procede, de circuito de humos de calderas.	2 t
Comprobación y limpieza, si procede, de conductos de humos y chimenea.	2 t
Limpieza del quemador de la caldera.	m
Revisión del vaso de expansión.	m
Revisión de los sistemas de tratamiento de agua.	m
Comprobación de material refractario.	2t
Comprobación de estanqueidad de cierre entre quemador y caldera.	m
Revisión general de calderas de gas.	t
Revisión general de calderas de gasóleo.	t
Comprobación de niveles de agua en circuitos.	m
Comprobación de estanqueidad de circuitos de tuberías.	t
Comprobación de estanqueidad de válvulas de interceptación.	2t
Comprobación de tarado de elementos de seguridad.	m
Revisión y limpieza de filtros de agua.	2t
Revisión y limpieza de filtros de aire.	m
Revisión de baterías de intercambio térmico.	t
Revisión de aparatos de humectación y enfriamiento evaporativo.	m
Revisión y limpieza de aparatos de recuperación de calor.	2 t
Revisión de unidades terminales agua-aire.	2 t
Revisión de unidades terminales de distribución de aire.	2 t
Revisión y limpieza de unidades de impulsión y retorno de aire.	t
Revisión de equipos autónomos.	2 t
Revisión de bombas y ventiladores.	m
Revisión del sistema de preparación de agua caliente sanitaria.	m
Revisión del estado del aislamiento térmico.	t
Revisión del sistema de control automático.	2 t
Instalación de energía solar térmica.	*
Comprobación del estado de almacenamiento del biocombustible sólido.	S*
Apertura y cierre del contenedor plegable en instalaciones de biocombustible sólido.	2t
Limpieza y retirada de cenizas en instalaciones de biocombustible sólido.	m
Control visual de la caldera de biomasa.	S*
Comprobación y limpieza, si procede, de circuito de humos de calderas y conductos de humos y chimeneas en calderas de biomasa.	m
Revisión de los elementos de seguridad en instalaciones de biomasa.	m

Continúa en página siguiente >>

<< Viene de página anterior

OPERACIONES DE MANTENIMIENTO EN INSTALACIONES DE CALEFACCIÓN DE PN MAYOR DE 70 KW Y EN INSTALACIONES DE BIOMASA

OPERACIÓN DE MANTENIMIENTO	PERIOD.
Revisión de la red de conductos según criterio de la norma UNE 100012.	t
Revisión de la calidad ambiental según criterios de la norma UNE 171330.	t

S: una vez cada semana.
*S *: estas operaciones podrán realizarse por el propio usuario con el asesoramiento previo del mantenedor.*
m: una vez al mes. La primera al inicio de la temporada.
t: una vez por temporada (año).
2 t: dos veces por temporada (año). Una al inicio de la misma y otra a la mitad del período de uso, siempre que haya una diferencia mínima de dos meses entre ambas.

Nota

El abandono de las instalaciones de calefacción y los problemas acarreados por el mismo hizo que el Estado legislara las operaciones de mantenimiento de las instalaciones mediante el Real Decreto 1027/2007. Dicho reglamento fue corregido y modificado por el Real Decreto 1826/2009, y el R.D. 238/2013 respectivamente. En dicho reglamento se indica que todas las instalaciones de calefacción, incluidas las que existían antes de la entrada en vigor del reglamento, estarán sometidas a un régimen de mantenimiento obligatorio, que será realizado por una empresa mantenedora habilitada. Actualmente la normativa vigente es el R. D. 178/2021.

Aplicación práctica

Con fecha 30 de marzo de 2023 se le pide una revisión del programa de mantenimiento preventivo de una caldera de gasóleo de una potencia de 65 kW en un edificio de oficinas. Los datos de revisiones incluidos en el programa son:

- **Revisión general de caldera (apta): 05 de mayo de 2022.**
- **Comprobación y limpieza de circuito de humos en caldera: 02 de febrero de 2022.**

Continúa en página siguiente >>

<< Viene de página anterior

- **Comprobación y limpieza de conducto de humos y chimenea: 02 de febrero de 2022.**
- **Limpieza de quemador de caldera (apta): 03 de junio de 2022.**
- **Revisión de vaso de expansión (apta): 03 de junio de 2022.**

Nota: no existe manual de uso y mantenimiento de la instalación.

Con estos datos, ¿qué recomendaciones y advertencias daría a su cliente con respecto al mantenimiento de la instalación?

SOLUCIÓN

Respecto a las revisiones de 2022:

- Revisión general de caldera: está dentro de fecha, pero habrá que hacerla antes del 05 de mayo de 2023, ya que su revisión es anual.
- Comprobación y limpieza de circuito de humos en caldera: habría que hacerla inmediatamente. Se está incumpliendo la ley ya que se tenía que haber hecho el 02 de febrero de 2023. Por otro lado, destacar que la limpieza habría que hacerla en caso de ser necesaria.
- Comprobación y limpieza de conducto de humos y chimenea: habría que hacerla inmediatamente. Se está fuera de la ley, ya que se tenía que haber hecho el 02 de febrero de 2023. Por otro lado, destacar que la limpieza habría que hacerla en caso de ser necesaria.
- Limpieza de quemador de caldera: está dentro de fecha, pero habrá que hacerla antes del 02 de junio de 2023, ya que su revisión es anual.
- Revisión de vaso de expansión: está dentro de fecha, pero habrá que hacerla antes del 02 de junio de 2023, ya que su revisión es anual.

Inmediatamente se deberán realizar las siguientes inspecciones que, aun siendo obligatorias, no se han realizado todavía:

- Comprobación de estanquidad de cierre entre quemador y caldera.
- Comprobación de niveles de agua en circuitos.
- Comprobación de tarado de elementos de seguridad.
- Revisión y de filtros de agua.
- Revisión del limpieza estado del aislamiento térmico, especialmente en las instalaciones ubicadas a la intemperie.
- Revisión del sistema de control automático.
- Verificación del estado de la mezcla anticongelante (pH, grado de protección antihelada, etc.) y actuación del sistema de llenado.
- Revisión del estado del sistema de intercambio (limpieza, etc.)
- En caso de tratarse de un calentador atmosférico, comprobar que se cumplen los requisitos de ventilación exigidos en la norma UNE 60670-6:2014.

Continúa en página siguiente >>

<< Viene de página anterior

CONCLUSIONES

Se debe advertir al cliente que hay inspecciones pasadas de fecha y que por tanto no se está cumpliendo el Real Decreto 1027/2007, modificado en algunos artículos por el Real Decreto 178/2021. Por tanto, se le sugerirá avisar a un mantenedor autorizado para que ponga al día las inspecciones.

3.2. Programa de mantenimiento preventivo en instalaciones de Agua Caliente Sanitaria (ACS)

El programa de mantenimiento preventivo de instalaciones de Agua Caliente Sanitaria (ACS) es fundamental, ya que un mal mantenimiento de las mismas puede dar lugar a problemas graves tanto de salud, como de contaminación.

El programa y tareas de mantenimiento dependerán de la capacidad de la instalación, pues no es lo mismo mantener una instalación de ACS central que una individual, así como del modo de generación de calor para la obtención del ACS.

Operaciones de mantenimiento en instalaciones de ACS generales

Las operaciones de mantenimiento, al igual que en el resto de instalaciones, serán aquellas que se reflejan en el manual de uso y mantenimiento. En caso de no existir, y tener la instalación más de 70 kW, el manual se deberá elaborar por la empresa mantenedora y deberá incluir aquellas operaciones correspondientes a las instalaciones de ACS que se reflejaban en las tablas del apartado de calefacción.

Para potencias iguales o menores de 70 kW, en caso de no existir manual de mantenimiento, se tendrá en cuenta lo que refleja la siguiente tabla:

OPERACIONES DE MANTENIMIENTO EN INSTALACIONES DE ACS DE PN MENOR O IGUAL DE 70 KW. LAS PERIODICIDADES ESTÁN DE ACUERDO A LA TABLA 3.1. DEL R. D. 238/2013 Y DEPENDEN DEL TIPO, POTENCIA Y USO DE LA INSTALACIÓN

OPERACIÓN DE MANTENIMIENTO	PERIODICIDAD
Revisión de aparatos exclusivos para la producción de ACS: Pn ≤ 24,4 kW.	S/tabla 3.1
Revisión de aparatos exclusivos para la producción de ACS: 24,4 kW < Pn ≤ 70 kW.	S/tabla 3.1
Revisión del vaso de expansión.	S/tabla 3.1
Revisión de los sistemas de tratamiento de agua.	S/tabla 3.1
Comprobación de estanquidad de cierre entre quemador y caldera.	S/tabla 3.1
Comprobación de niveles de agua en circuitos.	S/tabla 3.1
Comprobación de tarado de elementos de seguridad.	S/tabla 3.1
Revisión y limpieza de filtros de agua.	S/tabla 3.1
Revisión del sistema de preparación de agua caliente	S/tabla 3.1
sanitaria (limpieza de depósitos, purga, etc.).	S/tabla 3.1
Revisión del estado del aislamiento térmico, especialmente en las instalaciones ubicadas a la intemperie.	
Revisión del sistema de control automático.	
Revisión del estado de los captadores solares (limpieza, estado de cristales, juntas, absorbedor, carcasa y conexiones) y estructura y apoyos.	
Adopción de medidas contra sobrecalentamiento (tapado, vaciado de captadores, etc.).	
Purgado del campo de captación	
Verificación del estado de la mezcla anticongelante (PH, grado de protección antihelada, etc.) y actuación del sistema de llenado.	
Revisión del estado del sistema de intercambio (limpieza, etc.)	
En caso de tratarse de un calentador atmosférico, comprobar que se cumplen los requisitos de ventilación exigidos en la norma UNE 60670-6:2014.	

Operaciones de mantenimiento en instalaciones de ACS generales

Para el caso de ACS con sistema de captación solar térmica el Documento Básico HE4: Contribución solar mínima de agua caliente sanitaria del Código Técnico de la Edificación contemplaba en anteriores versiones operaciones de mantenimiento asociadas a un plan de vigilancia y a un plan de mantenimiento preventivo. En la modificación del documento de 14 de junio de 2022, pero indica que:

1. *El plan de mantenimiento incluido en el Libro del Edificio, contemplará las operaciones y periodicidad necesarias para el mantenimiento, en el transcurso*

del tiempo, de los parámetros de diseño y prestaciones de las instalaciones de aprovechamiento de energía procedente de fuentes renovables.

2. *Así mismo, en el Libro del Edificio se documentará todas las intervenciones, ya sean de reparación, reforma o rehabilitación realizadas a lo largo de la vida útil del edificio.*

Operaciones de mantenimiento contra la presencia de legionelosis

Las instalaciones de ACS también tienen unas operaciones obligatorias de mantenimiento para la prevención de la legionelosis reguladas por el Real Decreto 487/2022, de 21 de junio, por el que se establecen los requisitos sanitarios para la prevención y el control de la legionelosis.

En el **ANEXO IV de dicho R. D.: Programa de mantenimiento y revisión y Programa de tratamiento de instalaciones y equipos** se hace referencia a las tareas de mantenimiento de agua caliente sanitaria.

Aspectos generales

1. La revisión, la limpieza y desinfección de toda la instalación se efectuará al menos una vez al año, sin superar los 12 meses entre una desinfección y la siguiente.
2. La revisión de los puntos terminales (grifos y duchas), se deberá realizar mensualmente (muestra rotatoria), y al menos una vez al año en todos los puntos terminales de la instalación.
3. Semanalmente se abrirán los grifos y duchas de habitaciones o instalaciones con poco uso o no utilizadas, dejando correr el agua unos minutos. Al final del año se habrá comprobado todos los puntos finales de la instalación.

Aspectos particulares

La revisión, limpieza y desinfección de los depósitos acumuladores se realizará trimestralmente.

Mensualmente a través de las válvulas de drenaje de las tuberías, se realizará la eliminación de los sedimentos y semanalmente la purga del fondo de los acumuladores.

El control de la temperatura del agua se realizará diariamente en los depósitos finales de acumulación, en los que la temperatura no será inferior a 60 °C y en el circuito de retorno, en el que no será inferior a 50 °C y mensualmente en un número representativo de grifos y duchas (muestra rotatoria), incluyendo los más cercanos y los más alejados de los acumuladores, no debiendo ser inferior a 50 °C. Se debe alcanzar la temperatura de estabilización antes del minuto. Al final del año se habrán comprobado todos los puntos terminales de la instalación.

Sabía que...

La legionelosis es una enfermedad infecciosa causada por la bacteria *legionella* y puede llegar a ser fatal. Las instalaciones de ACS pueden ser lugares de crecimiento y expansión de esta bacteria si no tienen un adecuado mantenimiento para su eliminación.

3.3. Programa de mantenimiento preventivo en instalaciones de climatización

Las operaciones de mantenimiento de los equipos de climatización tienen como objetivo evitar averías de importancia en el equipo y mantenerlo con la máxima capacidad y rendimiento.

Dichas operaciones son repetitivas y programadas, y dependiendo de su relevancia y de la instalación se realizarán de forma diaria, semanal, mensual o anual.

De forma general, el mantenimiento que se realiza en estas instalaciones y que se suele incluir en los manuales de uso y mantenimiento se efectúa en los siguientes lugares:

- Equipo eléctrico y de control:
  - Limpieza de cuadros eléctricos.
  - Comprobación de temperaturas en bornes y en protecciones.
  - Apriete de bornes y conexiones.
- Equipo de ventiladores, conductos y filtros:
  - Tensado de correas de ventiladores.
  - Limpieza de rodetes y palas de impulsión.
  - Engrase de cojinetes.
  - Comprobación de ruidos y vibraciones.
  - Limpieza de filtros.
  - Limpieza de rejillas.
- Equipo frigorífico:
  - Comprobación de presiones y carga de gas.
  - Comprobación de temperaturas en baterías y elementos.
  - Limpieza de baterías.
  - Comprobación de aislamientos.
- Equipo auxiliar:
  - Limpieza de filtros de agua.
  - Comprobación de drenajes.
  - Descalcificación de condensadores de agua.

Destacar que, al igual que en las instalaciones de calefacción y ACS, las operaciones están normalizadas en el R. D. 178/2021.

Si hay manual de uso y mantenimiento, las operaciones se deberán realizar de acuerdo al mismo. En caso de no existir, se deberá tener en cuenta la potencia de la instalación.

Si la potencia es mayor a 70 kW, las operaciones que se deberán incluir en manual de uso y mantenimiento, que deberá elaborar la empresa mantenedora, serán aquellas reflejadas en las tablas del apartado de mantenimiento de instalaciones de calefacción correspondientes a las instalaciones de climatización.

Para potencias iguales o menores de 70 kW, en caso de no existir manual de mantenimiento, se tendrá en cuenta lo que refleja la siguiente tabla:

OPERACIONES DE MANTENIMIENTO EN INSTALACIONES DE CLIMATIZACIÓN DE PN MENOR O IGUAL DE 70 KW. LAS PERIODICIDADES ESTÁN DE ACUERDO A LA TABLA 3.1. DEL R. D. en el 178/2021 Y DEPENDEN DEL TIPO, POTENCIA Y USO DE LA INSTALACIÓN

OPERACIÓN DE MANTENIMIENTO	PERIODICIDAD
Limpieza de los evaporadores.	S/tabla 3.1
Limpieza de los condensadores.	S/tabla 3.1
Drenaje, limpieza y tratamiento del circuito de torres de refrigeración.	S/tabla 3.1
Comprobación de la estanquidad y niveles de refrigerante y aceite en equipos frigoríficos.	S/tabla 3.1
Revisión y limpieza de filtros de aire.	S/tabla 3.1
Revisión de aparatos de humectación y enfriamiento evaporativo.	S/tabla 3.1
Revisión y limpieza de aparatos de recuperación de calor.	S/tabla 3.1
Revisión de unidades terminales agua-aire.	S/tabla 3.1
Revisión de unidades terminales de distribución de aire.	S/tabla 3.1
Revisión y limpieza de unidades de impulsión y retorno de aire.	S/tabla 3.1
Revisión de equipos autónomos.	S/tabla 3.1

3.4. Contabilización de consumos

La eficiencia energética, también llamada ahorro de energía, es una práctica que se emplea en el consumo de energía de las instalaciones y que tiene como objetivo la reducción del consumo de energía, pero teniendo el mismo resultado final. Es, por tanto, hacer un consumo óptimo de la energía.

La contabilización de consumos o medida de los consumos en las instalaciones de los edificios es un tema fundamental desde el punto de vista de la eficiencia energética por las siguientes razones:

1. La eficiencia energética de una instalación de calefacción ACS o climatización debe medirse durante el funcionamiento de la misma. Para la realización de esta medición es fundamental contabilizar los consumos.
2. El conseguir la eficiencia energética no es algo que se pueda estimar al principio con la instalación de elementos que se suponen eficientes desde el punto de vista energético (como pueden ser los paneles solares). La consecución de este objetivo depende de multitud de factores que tienen que ver tanto con el diseño, como con el mantenimiento de la instalación durante su funcionamiento, y por tanto, la eficiencia no deberá estimarse, sino que habrá que medirse mediante la contabilización de consumos.
3. Las personas encargadas de las instalaciones en los edificios, entre los que están ingenieros, promotores, constructores, arquitectos, fabricantes, instaladores y mantenedores, tendrán una sensibilización mayor con la eficiencia energética durante la realización de sus trabajos si de antemano saben qué se va a medir. Además, los usuarios o la Administración podrán pedirles responsabilidades en caso de que las mediciones realizadas en las instalaciones no coincidan con las expectativas que se crearon inicialmente, o no se cumplan unos mínimos requisitos de rendimiento esperados en las instalaciones.
4. La medición y contabilización de consumos periódica también ayuda a los profesionales a detectar fallos en la instalación por la contabilización de valores anormales que puedan deberse al mal funcionamiento de la instalación.

Contabilización de consumos y tipos de contadores

La contabilización de consumos se realiza a partir de aparatos de medida de volumen y energía. La naturaleza de estos aparatos, llamados contadores, dependerá del tipo de energía suministrada en la instalación, pudiendo encontrarse principalmente:

- Contadores de agua.
- Contadores de gas.
- Contadores de gasóleo.
- Contadores eléctricos.

En las instalaciones en las que se emplean combustibles sólidos como la biomasa o el carbón no es obligatoria la utilización de aparatos de medida, por lo que la contabilización de consumos se realiza mediante los datos facilitados por el suministrador, medido en kilogramos.

En las instalaciones de Agua Caliente Sanitaria (ACS), la cantidad de agua fría suministrada para la producción centralizada de ACS y el agua necesaria para el llenado de los circuitos cerrados de la instalación se medirá mediante contadores de agua,. También se instalarán contadores de ACS que empezarán a contar cuando la temperatura del agua supere los 30 °C.

Contadores de agua

Los contadores de agua miden e indican el volumen de agua que pasa por ellos. La medición de agua es exclusiva, es decir, que queda excluido el volumen de otro líquido de esta medición.

Dichos contadores cuentan con un dispositivo encargado de medir que acciona otro dispositivo que es el responsable de indicar el consumo.

Dada la importancia del contador en la tasación de volumen de agua consumido, se deberá realizar un control y verificar si cumple los requisitos de la normativa vigente, según el modelo escogido.

Desde el punto de vista de la temperatura de agua medida, los contadores de agua se pueden dividir en dos grupos:

TIPO DE CONTADOR	TEMP. MÍN.	TEMP. MÁX.
Agua fría	273,15 K (0 °C)	303, 15 K (30 °C)
Agua caliente	303, 15 K (30 °C)	363,15 K (90 °C)

Es fundamental que el fabricante establezca las condiciones nominales del instrumento, ya que estos aspectos son fundamentales en el montaje y selección de contadores. Como mínimo, el fabricante de contadores indicará:

- Posición de instalación.
- Intervalo de temperaturas de funcionamiento.
- Caudal mínimo.
- Caudal nominal.
- Caudal máximo.
- Presión máxima de trabajo.
- Curva de errores de medida.

Sabía que...

Con el objetivo de evitar manipulaciones indebidas de los contadores de agua se precintará uno de los rácores o uniones de conexión hidráulica del contador a la red.

Destacar que todo contador de agua tiene que tener una válvula de corte a su entrada. En los de ACS se dispone además de una válvula antirretorno. Con el objetivo de realizar un correcto seguimiento de las lecturas de contadores de agua, estos se proveen de sistemas emisores de impulsos o sistemas que permitan tele-controlar las variables del contador.

Instalación de contador de ACS

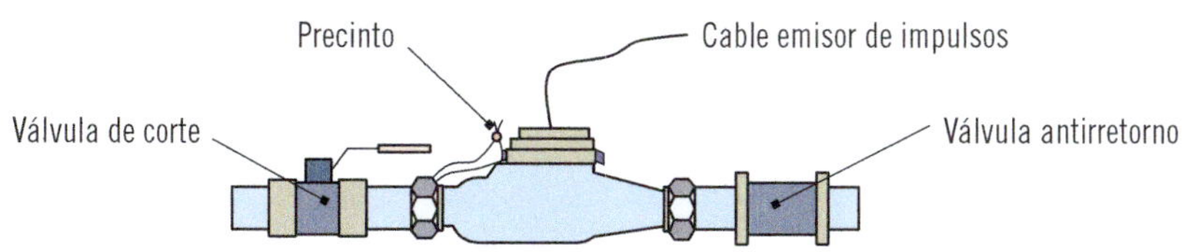

Contadores de gas

Los contadores de gas son aparatos cuya función es medir e indicar el volumen de gas que pasa por ellos de manera continua, incluyendo un dispositivo medidor que accionará un dispositivo indicador del consumo.

En los contadores de gas se deberá tener en cuenta la presión relativa a la que el gas circula. Si dicho valor es superior a 55 milibares se deberá instalar un corrector de presión-temperatura para que el gas circule en condiciones normales de presión y temperatura, es decir, presión de 0 mbar y temperatura 273,15 K (0 ºC).

Como elemento de medida normalizado, los contadores de gas deberán estar sometidos a diversas comprobaciones y deberán cumplir los requisitos de homologación y ser verificados conforme a la normativa, dependiendo del modelo que se utilice.

En la selección y montaje del contador se deberán tener en cuenta las condiciones nominales del contador dadas por el fabricante, siendo estas, como mínimo:

- Posición de instalación.
- Caudal mínimo.
- Caudal máximo.
- Presión de operación máxima.
- Diagrama de pérdida de presión.
- Curva de errores de medida.

El contador de gas tendrá una válvula de corte en su entrada y otra en su salida. Para evitar manipulaciones se deberá precintar una de las conexiones con la red. También será precintado el corrector presión-temperatura, el cable emisor de impulsos y las sondas de medición de presión y temperatura.

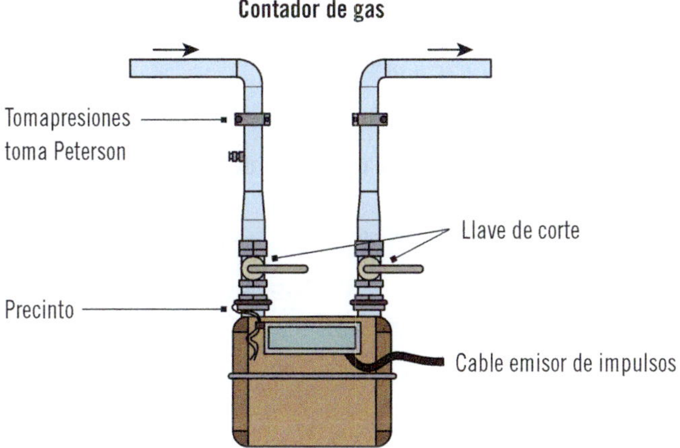

Contadores de gasóleo

Para la medición de volumen de gasóleo consumido se utilizan los contadores de gasóleo. Dichos instrumentos incluyen un dispositivo medidor que acciona otro dispositivo que indica el volumen de gasóleo que circula por ellos.

Estos contadores no serán objeto de control metrológico debido a que no existe a nivel nacional ninguna norma de homologación de contadores de gasóleo. Esto no quita que deban estar correctamente precintados para evitar manipulaciones no deseables.

Al igual que en los otros tipos de contadores, el fabricante también deberá establecer como mínimo unas condiciones nominales del instrumento que ayudarán en la elección e instalación del contador. Entre ellas se destaca:

- Posición de instalación.
- Caudal mínimo.
- Caudal máximo.
- Presión de operación máxima.
- Temperatura máxima de trabajo.
- Curva de errores de medida.

Además, todos los contadores de gasóleo deberán incluir una válvula de corte en su entrada y otra antirretorno a la salida. También dispondrán de un filtro antes del contador que evite la penetración de partículas sólidas en el mismo que puedan dar lugar a errores.

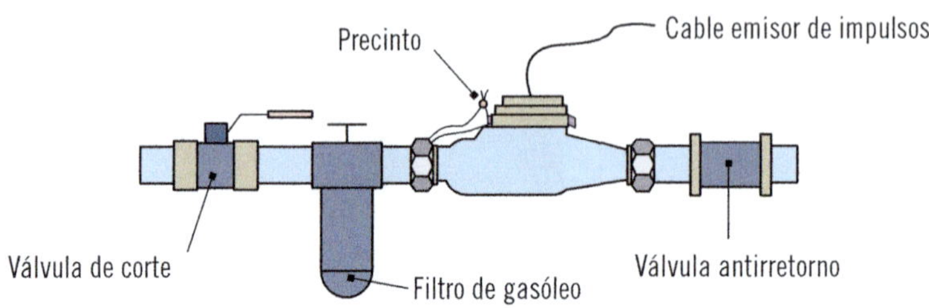

Contadores eléctricos

Los contadores de electricidad se conciben para medir la energía eléctrica consumida por el circuito eléctrico de la instalación.

Dependiendo de las características de funcionamiento y la obtención de las mediciones existen diversos tipos de contadores eléctricos. A la hora de elegir uno u otro siempre se deberá tener en cuenta las características eléctricas de la instalación, así como la normativa vigente.

Dichos contadores deberán controlarse desde el punto de vista metrológico de acuerdo a la normativa correspondiente, y se precintarán algunos elementos del mismo para evitar su manipulación.

Contador eléctrico

Contadores de energía útil

La medida de la energía térmica útil, tanto de frío como de calor, también es fundamental a la hora de evaluar la eficiencia energética de la instalación, pues mide la energía real aprovechada de la energía que se suministra a la instalación.

Esta medición se realiza mediante diferentes contadores que, dependiendo de la instalación, se deberán disponer en:

- Instalaciones de calefacción o ACS con combustible: en subsistema de calderas.
- Instalaciones de calefacción o ACS con energía solar térmica: en subsistema de energía solar térmica.
- Instalaciones de producción de ACS (subsistema de calderas).
- Refrigeración: en subsistema de enfriadores de agua.
- Refrigeración de energía solar térmica: en subsistema de energía solar térmica.

Actividades

3. Indicar si pueden los contadores de agua medir otro líquido que no sea agua.

3.5. Evaluación de rendimientos

Con el objeto de realizar un control de la eficiencia energética de las instalaciones de calefacción, refrigeración y ACS en los edificios se calculan unos **ratios energéticos** en periodos anuales y durante el funcionamiento de los mismos.

Para el cálculo de estos ratios, y realizar las mediciones que exige la legislación, se deberán instalar los contadores anteriormente expuestos y se medirán los parámetros siguientes:

- Energía del combustible consumido en base a su poder calorífico en kWh (Eco).
- Energía eléctrica consumida en kWh (Eel).
- Energía térmica útil aportada al sistema de calefacción en kWh (Euc).
- Energía térmica útil aportada al sistema de refrigeración en kWh (Eur).
- Energía térmica útil aportada al sistema de producción de ACS en kWh (Eua).
- Energía solar aportada al sistema de calefacción en kWh (Eusc).
- Energía solar aportada al sistema de refrigeración en kWh (Eusr).
- Energía solar aportada al sistema de producción de ACS en kWh (Eusa).

Ratios o parámetros energéticos de evaluación de rendimientos

A continuación, se exponen los ratios o parámetros energéticos más importantes que sirven para evaluar el rendimiento de las instalaciones y descubrir su eficiencia energética.

Rendimiento Estacional Anual (REA)

El Rendimiento Estacional Anual de una central de frío o calor (REA) se calcula mediante la expresión:

$$REA = Eu / Es$$

En la que:

- **Eu:** es la energía térmica útil enviada al edificio, durante un año, expresada en kWh.
- **Es:** es la energía suministrada a la central térmica por cada uno de los tipos de energía utilizados (gas, gasóleo, electricidad, carbón,

biomasa etc.), durante el mismo período de tiempo, expresada en kWh.

Por tanto, la Eu enviada al edificio será la suma de las lecturas de los contadores ubicados en los distintos subsistemas de la instalación en un momento dado, menos la suma de la lectura de esos contadores en la misma fecha pero un año antes.

La Es es la suma de la lectura de los contadores de energía suministrada que alimentan las instalaciones en un momento concreto, menos la lectura de los contadores en la misma fecha pero un año antes.

Rendimiento Estacional Anual corregido (REAc)

El REAc se obtiene mediante la siguiente expresión:

$$REAc = REA / Ke$$

- **REA:** es el Rendimiento Estacional Anual.
- **Ke:** es el coeficiente de emisiones, que depende del tipo de energía suministrada. Los valores de Ke se observan en la siguiente tabla.

COEFICIENTE DE EMISIONES (KE) SEGÚN ENERGÍA SUMINISTRADA (TÉRMICA)

Energía suministrada (térmica)	Coef. Emisiones (Ke)
Gas natural 1,0000. Gasóleo C 1,4069. GLP 1,1961. Carbón uso doméstico 1,7010. Biomasa 0. Biocarburantes 0. Solar térmica baja temperatura 0.	

COEFICIENTE DE EMISIONES (KE) SEGÚN ENERGÍA SUMINISTRADA (ELÉCTRICA)	
Energía suministrada (eléctrica)	**Coef. Emisiones (Ke)**
Electricidad convencional peninsular 3,1814. Electricidad convencional extra-peninsular: Baleares, Canarias, Ceuta y Melilla 4, 8088. Solar fotovoltáica 0. Electricidad convencional horas valle nocturnas para sistemas de acumulación eléctrica peninsular 2,5343. Electricidad convencional horas valle nocturnas para sistemas de acumulación eléctrica extra- peninsular 4,8088.	

En caso de que en un mismo edificio se apliquen distintos modos de generación de energía en las instalaciones, para hallar la REAc se deberá dividir la Energía Útil Total (Eu), entre la energía consumida por cada medio, por su coeficiente de emisión (Ke).

Actividades

4. Señalar cómo es el REAc con respecto al REA, ¿mayor, igual o menor?

Aplicación práctica

El gerente de la empresa "PLASTITODO", dedicada a la producción de productos plásticos, ha solicitado el cálculo del Rendimiento Estacional Anual corregido de todas sus instalaciones, ya que dependiendo de su valor podrá conseguir una subvención por empresa con instalaciones energéticas eficientes. Los datos de sus instalaciones son los siguientes:

Continúa en página siguiente >>

<< Viene de página anterior

- **Energía del combustible consumido (gasóleo) en base a su poder calorífico en kWh (Eco): 72.000 kWh.**
- **Energía eléctrica consumida en kWh (Eel): 50.000 kWh.**
- **Energía térmica útil aportada al sistema de calefacción en kWh (Euc): 25.000 kWh.**
- **Energía térmica útil aportada al sistema de refrigeración en kWh (Eur): 20.000 kWh.**
- **Energía térmica útil aportada al sistema de producción de ACS en kWh (Eua): 1.000 kWh.**

SOLUCIÓN

Con estos datos se puede hallar el total de energía útil:

Eu = Euc + Eur + Eua = 46.000 kWh.

Sin embargo, al no tener una única fuente de energía no se puede aplicar directamente la fórmula de REAc, sino que el factor que divide a la energía útil total será la suma de la energía consumida de cada tipo de energía por su coeficiente de emisión (A). Por tanto:

REAc = Eu/A; donde:
A = Eco x Ke(Eco) + Eel x Ke(Eel).

Los valores de Eco y Eel se obtienen de la tabla de Ke:

Ke(Eco) = 1,4069.
Ke(Eel) = 3,1814.

A sería:

A = 264.838 kWh.

Por tanto:

REAc = Eu/A = 0,1359 (13,59 %).

3.6. Operaciones mecánicas en el mantenimiento de instalaciones

Las operaciones mecánicas de mantenimiento son múltiples y variables dependiendo del tipo de instalación.

La operación mecánica común a todas las instalaciones es la **limpieza de sus elementos.** Ahora sí, se deberá tener en cuenta que la periodicidad de dicha limpieza varía de unas instalaciones a otras dependiendo de la normativa vigente y del manual del fabricante. Es fundamental tener claro el manual del fabricante en cuanto a montaje y desmontaje de la instalación para proceder a su limpieza.

Otra operación mecánica, común a muchas instalaciones, es la **comprobación de la estanqueidad.** Dicha comprobación sirve para descubrir o descartar presencia de fugas en las partes de la instalación. Esta verificación se debe realizar con aparatos especiales como las bombas de comprobación de estanqueidad y por personal cualificado al respecto.

También se debe tener muy en cuenta las operaciones de mantenimiento mecánico de las instalaciones que tengan equipo de ventilación. Las operaciones más importantes de esta parte de las instalaciones son, además de la limpieza de los elementos, **el engrase de los cojinetes, la comprobación de tensado de las correas y la comprobación de arranque del equipo de ventilación,** por temporizador o por excesiva presencia de Dióxido de Carbono.

Ventilador tipo de equipo de ventilación

3.7. Operaciones eléctricas en el mantenimiento de instalaciones

Las operaciones eléctricas en el mantenimiento de instalaciones son importantes, y se realizan tanto en los cuadros de control eléctricos como en las instalaciones eléctricas en sí.

La principal operación de mantenimiento en un cuadro de control es **la verificación de que está bien cerrado y tiene ausencia de polvo.** En caso de que exista suciedad en el cuadro de control por problemas con el cierre, se deberá proceder a su limpieza y correcto cierre.

Otra operación eléctrica fundamental en las instalaciones será **la comprobación de temperatura en bornes y protecciones de la instalación.** La detección de puntos calientes en las partes eléctricas de la instalación puede indicar defectos de la misma. Dicha comprobación se puede realizar a través de la termografía, una técnica que mediante una "fotografía" señala la temperatura de las partes con distintos colores.

Termografía de elementos eléctricos

Además de la temperatura, también se deberá prestar especial atención al **apriete de los bornes,** ya que un mal apriete de estos puede desembocar en problemas eléctricos que afecten a otras partes de la instalación.

Aplicación práctica

El gerente de la anterior empresa le vuelve a llamar, pues sus instalaciones necesitan realizar el mantenimiento preventivo, y está satisfecho con el trabajo anteriormente

Continúa en página siguiente >>

<< Viene de página anterior

realizado en el cálculo del REAc. Por otro lado le comenta que se ha informado de que hay subvenciones para valores bastante superiores al REAc que él tiene.

Según las instalaciones con las que cuenta la empresa, ¿qué tareas de mantenimiento se deberían prever? ¿Qué le recomendaría para subir su REAc?

SOLUCIÓN

1. Al tener dicha empresa equipos eléctricos y de calefacción, las tareas serían de mantenimiento eléctrico y mecánico.
   Dentro de las de mantenimiento eléctrico se deberá revisar la limpieza de los cuadros, y limpiarlos si es necesario. Además se deberán apretar los bornes de la instalación eléctrica y comprobar su temperatura.
   Por otro lado, en cuanto a tareas mecánicas, se deberá limpiar correctamente la instalación de calefacción de gasoil. Se deberá prestar especial atención al quemador de la caldera y a la salida de humos.
   La tarea fundamental será realizar el plan de mantenimiento preventivo de acuerdo a la normativa vigente, teniendo en cuenta la potencia de las instalaciones correspondientes.
2. Para aumentar el REAc, y por tanto, tener posibilidad de optar a la subvención, existen dos formas:

   a. Intentar consumir menos electricidad, pues su Ke es superior y esto hace que el REAc sea menor. Sin embargo, esto no lo reduciría sustancialmente y sería muy complicado bajarlo hasta el nivel necesario para solicitar la subvención.
   b. Implantar otro tipo de instalación de energía cuyas emisiones sean menores, o incluso mejor 0. Estas instalaciones serían las de biomasa, biocarburantes o las de solar térmica de baja temperatura. Esto generaría una inversión pero daría la posibilidad de conseguir subvenciones y además se estaría reduciendo de manera importante las emisiones a la atmósfera, tan perjudiciales para el medio ambiente.

3.8. Equipos y herramientas

Para realizar las operaciones de mantenimiento de las instalaciones se necesitará tener una serie de equipos y herramientas, las cuales se exponen a continuación.

- Elementos de transporte y elevación:

- Furgoneta pequeña o mediana para el transporte del material.
- Carritos bajos y carretillas para mover las máquinas.
- Elevadores para equipos de techo, *cassettes,* conductos.
- Escalera plegable. Escalera de tres tramos.
- Andamio hasta 5 m.

- Herramientas no eléctricas:

  - Martillo demoledor para rozas y huecos.
  - Atornilladora con pilas.
  - Pistola de masilla.
  - Cortatubos para cobre grande y mini.
  - Abocardador y ensanchador. Abocardador suave recomendable.
  - Doblatubos manual y juego de muelles curvadores.
  - Bomba de vacío de doble efecto con vacuómetro y solenoide de corte.
  - Balanza electrónica para cargas de gas.
  - Equipo de soldadura fuerte por oxibutano.
  - Equipo de soldadura fuerte manual con mezcla propanada.
  - Detector de fugas electrónico y de espuma.
  - Equipo de pruebas de presión con Nitrógeno.
  - Equipo de limpieza de circuitos contaminados mediante bomba.
  - Maleta de herramientas de corte de fibra.
  - Grapadora y cinta adhesiva de aluminio.
  - Tijeras para cortar chapa. Sierra de calar y remachadora.
  - Bridas de nailon para agrupar tuberías.
  - Tacos, tornillos, tirafondos, remaches, abrazaderas, etc.
  - Cinta aislante resistente al sol blanca y negra.
  - Botes de espuma de Poliuretano para sellar huecos.
  - Pintura en *spray* para remates y rayaduras.

- Herramientas eléctricas:

  - Pinza amperimétrica con voltímetro y ohmímetro.
  - Buscapolos.
  - Pelacables.
  - Fichas de conexión y terminales.

Herramientas típicas usadas en labores de mantenimiento

3.9. Limpieza y desinfección de las instalaciones

La limpieza y desinfección de las instalaciones es, como se ha dicho, una de las operaciones mecánicas más importantes. Los elementos de las instalaciones deben estar limpios para que no se produzcan desperfectos a causa del polvo. Tal y como se vio anteriormente, la limpieza de los elementos se realiza con una periodicidad determinada y ajustada al tipo de instalación que se tenga.

Antes de proceder a la limpieza de la instalación es fundamental tener en cuenta el manual del fabricante para saber qué productos son aptos para su limpieza y cuáles no, así como ver en el mismo la forma de montaje y desmontaje para poder limpiar elementos inicialmente ocultos.

Además, en algunas instalaciones, sobre todo en las de agua, la limpieza deberá ir acompañada de una desinfección para evitar infecciones como la legionelosis.

A continuación se exponen los elementos de la caldera de gas natural a los que hay que realizarle la limpieza:

- El ventilador. Es el elemento que coge el aire del exterior para producir la combustión. En él se acumula polvo y habrá que limpiarlo para evitar la obstrucción del aire en la caldera. La limpieza se realizará con aire a presión.
- El quemador. Es la parte imprescindible del proceso de combustión y debe estar limpia para que el gas llegue a ella sin ningún tipo de problemas. Para su limpieza se puede usar aire a presión.
- Los electrodos. Son elementos de especial atención, ya que si hay deterioro en ellos se deberán cambiar rápidamente para que la caldera vuelva a funcionar correctamente.
- La carcasa. Es un elemento exterior y se limpiará con un paño húmedo sin producto de limpieza.
- El conducto de humos. También se deberá limpiar, ya que si no se hace se pueden producir obstrucciones en su interior.

3.10. Mantenimiento preventivo para el control de la legionella

A veces, en instalaciones en las que interviene el agua, mal diseñadas, sin mantenimiento o con mantenimiento insuficiente, se favorece el estancamiento del agua. Con ello se produce una acumulación de nutrientes como lodos, materia orgánica, material de corrosión y amebas que favorecen el crecimiento de la bacteria legionella.

Para impedir la presencia y multiplicación de la legionella se deberá:

1. **Evitar el estancamiento del agua.** Se evitarán puntos donde el agua no circule y quede estancada mediante un diseño adecuado de la instalación.
2. **Eliminar o reducir zonas sucias.** Se deberá seguir un estricto programa de mantenimiento preventivo en la limpieza de la instalación, realizándolo con la periodicidad indicada.
3. **Impedir la multiplicación y supervivencia de la bacteria en la instalación.** Se realizará una desinfección continua de la instalación mediante agentes que eliminen la bacteria, como puede ser el cloro. Asimismo, se realizará un control continuo de la temperatura, ya que temperaturas entre 20 y 50 °C ayudan a la proliferación de la bacteria.

Nota

En las instalaciones de AFCH (Agua Fría de Consumo Humano y ACS (Agua Caliente Sanitaria), los desinfectantes a utilizar serán aquellos regulados por el Real Decreto 3/2023, de 10 de enero, por el que se establecen los criterios técnico-sanitarios de la calidad del agua de consumo, su control y suministro, por el que establecen los criterios sanitarios de la calidad del agua de consumo humano.

Actividades

5. Señalar dónde podría proliferar antes la legionella: ¿en una tubería levemente inclinada o en una tubería bastante inclinada? Explicar la razón.

3.11. Medidas de parámetros físicos

La medida de parámetros físicos en las instalaciones es una de las tareas comunes del mantenimiento preventivo. Dichos parámetros son múltiples pero de entre estos parámetros se destacan tres, ya que son comunes a casi todas las instalaciones:

- Caudal.
- Temperatura.
- Parámetros eléctricos.

Es habitual y necesario reflejar los resultados de estas mediciones en un historial para poder descubrir la evolución de sus valores e indicar posibles anomalías de las instalaciones.

El caudal

Con la contabilización de consumos se mide alguno de estos parámetros, ya que los contadores muestran el volumen de agua, gas, gasoil, etc. que ha atravesado el contador. Si se eligen dos momentos y se restan las lecturas de los contadores, se obtiene el volumen que ha circulado entre esos dos momentos. Y si, además, se divide ese volumen entre el periodo de tiempo que pasó, se obtendrá uno de los parámetros físicos más importantes: el **Caudal (Q).** Por tanto, el caudal se define como el Volumen/Unidad de tiempo, y sus unidades en Sistema Internacional son m^3/s.

La temperatura

Aunque no es un elemento que intervenga en la contabilización del consumo, la temperatura es un parámetro físico que se deberá medir en las instalaciones.

En las instalaciones eléctricas la temperatura puede ser consecuencia de algún defecto que ha provocado un punto caliente. En las instalaciones de ACS la temperatura se mide para ver si está en los valores adecuados de agua caliente, y al mismo tiempo se comprueba que sus valores no favorezcan la presencia de bacterias como la legionella. En las instalaciones de calefacción la medición de temperatura también es útil para llevar un mantenimiento completo. Para medir la temperatura se usarán termómetros cuyas características serán variables dependiendo de la instalación y la precisión que se pretenda obtener. En algunas instalaciones también se mide la temperatura para comprobar el accionamiento de determinados sensores que activan o desactivan la instalación por encima o debajo de unos valores de temperatura concretos.

Parámetros eléctricos

Los parámetros eléctricos son otros parámetros físicos que se deben medir a la hora de la realización del mantenimiento preventivo. Existen diversos aparatos de medida de estos parámetros, siendo sus objetivos principales la cuantificación del voltaje y amperaje, así como la comprobación de la ausencia de corriente en determinados trabajos de mantenimiento. De entre los aparatos de medida se destaca el multímetro, que proporciona el valor de intensidad y voltaje que tiene una determinada instalación eléctrica.

4. Mantenimiento de gestión energética. Tareas de mantenimiento

Como se ha venido diciendo, el meticuloso proceso que supone mantener en condiciones ideales las diversas instalaciones térmicas, así como otras características estructurales del edificio, debe siempre plantearse desde el punto de vista de la seguridad y del confort, pero también desde el punto de vista de maximizar la eficiencia energética.

Es por ello que, tras un mantenimiento preventivo, resulta imprescindible una adecuada gestión energética, la cual requerirá un profundo análisis energético del edificio, así como la adopción de medidas de ahorro y eficiencia energética, estableciendo para ello una serie de objetivos de ahorro energético y realizando un correcto mantenimiento específico, entre otras cosas.

Mantenimiento

Según la Asociación Española de Mantenimiento (AEM) se define el mantenimiento como un conjunto de actividades técnicas y administrativas cuya finalidad es conservar o restablecer un servicio (en este caso energético) en las condiciones que le permitan desarrollar correctamente su función.

4.1. Programa de gestión energética

Una adecuada gestión del mantenimiento requiere una meticulosa planificación de dicho proceso con la necesidad de la realización de una serie de actuaciones a repetir cíclicamente en el tiempo, además de la adopción de diversas medidas. Para efectuarse satisfactoriamente es necesario conocer las exigencias que establece la legislación vigente al respecto, así como conocer las herramientas disponibles para llevarse a cabo eficientemente. Todos estos asuntos se detallarán en lo sucesivo.

Legislación y conceptos generales

En lo relativo al aspecto técnico la normativa vigente es el **Real Decreto 1027/2007 del Reglamento de Instalaciones Térmicas en los Edificios** (RITE) y en sus modificaciones, siendo la última la expresada en el Real Decreto 178/2021, de 23 de marzo, por el que se modifica el Real Decreto 1027/2007, de 20 de julio, por el que se aprueba el Reglamento de Instalaciones Térmicas en los Edificios. Dicha norma obliga a realizar un mantenimiento adecuado de las instalaciones, a fin de poder garantizar la eficiencia energética de las mismas. Establece para ello una serie de requisitos que deben cumplir las instalaciones térmicas para que su funcionamiento, durante toda su vida útil, se realice siempre a la máxima eficiencia energética. Estos requisitos son:

a. Las instalaciones se mantendrán de acuerdo con un programa de mantenimiento preventivo.
b. Las instalaciones deberán disponer de un programa específico de gestión energética por medio del cual se realizará una evaluación de manera periódica del rendimiento de los diversos equipos de generación térmica.

La Instrucción Técnica IT3 del RITE es el documento que marca las pautas en el campo del mantenimiento. Recalca, para las instalaciones térmicas de edificios, la obligatoriedad de establecer programas específicos de mantenimiento. Pero además, para facilitar la ejecución de sus directrices, el Instituto para la Diversificación y Ahorro Energético (IDAE) ha promovido la realización de una serie de guías técnicas para diseño, ejecución, dimensionado, inspección y mantenimiento. Cabe resaltar que la de mayor interés en lo que concierne al mantenimiento es la **Guía Técnica para el Mantenimiento de Instalaciones Térmicas.**

La gestión del mantenimiento exige la adopción de una serie de medidas y la realización de diversas acciones necesarias para el buen funcionamiento del edificio. Se pueden establecer dos niveles:

- **Nivel 1:** corresponde a la toma de grandes decisiones para lograr grandes objetivos (responsabilidad de la dirección general).
- **Nivel 2:** corresponde al jefe de mantenimiento y van referidas a decisiones específicas de planificación y organización de las tareas diarias para cumplir con los objetivos exigidos.

Para lograr los objetivos de la gestión de mantenimiento es imprescindible disponer de un manual de mantenimiento, de un sistema informatizado y de una acción cíclica (práctica de mejoramiento) en la que se incluya:

- Una auditoría de los puntos críticos de mantenimiento.
- La realización de una planificación a la medida.
- La ejecución del plan de trabajo concretado mediante la aplicación de herramientas de gestión adecuadas.

Como consecuencia de lo dicho se crea, para cada edificio y desde el punto de vista del mantenimiento, su pertinente **libro de mantenimiento.**

Definición

Libro de mantenimiento
Es el documento de cada edificio en el que se especificarán los elementos propios a tener en cuenta a efectos del mantenimiento que se le deberá efectuar.

Actividades

6. Indicar qué norma contempla lo relativo a mantenimiento en edificios.
7. Señalar si el libro de mantenimiento es un documento genérico para todos los edificios en el que varía solo la ubicación del edificio.

Calendario de actuaciones

El calendario de actuaciones es un documento clave que determina las tareas de mantenimiento de gestión energética. Sin embargo, no se pueden conocer las tareas de mantenimiento correctivo (sí las preventivas) pues obviamente dependen de la necesidad de una actuación o reparación surgida como consecuencia de una avería imprevista.

Ejemplo

Una actuación prevista en el calendario podría ser la revisión con posible sustitución de los filtros de aire en los elementos de aire acondicionado cada 6 meses.

Respecto al calendario de actuaciones para tareas preventivas, este se configura anualmente entre el responsable del edificio en cuestión y la empresa encargada de las tareas de mantenimiento y revisiones periódicas.

Para conocer el estado de las instalaciones de un edificio, y de esta forma el funcionamiento del proceso de mantenimiento, se toman una serie de indicadores que no son más que parámetros que aportan cierta información que habrá de ser valorada. Su análisis arrojará datos relativos a la funcionalidad de las instalaciones energéticas del edificio, y saber así las ubicaciones que precisan de mejoras o reparaciones.

Manual de mantenimiento

El manual de mantenimiento de un edificio es un apartado que se integra dentro del libro del edificio. Dicho documento determina, además de las intervenciones de mantenimiento que han que realizarse sobre el edificio para poder garantizar su sostenibilidad, durabilidad y el correcto funcionamiento de sus distintas instalaciones de cara al futuro, una serie de recomendaciones con respecto al mejor y más eficiente uso de las intervenciones para situaciones muy concretas, lo cual genera finalmente una considerable disminución del mantenimiento correctivo a aplicar.

El **libro del edificio** también contiene, además del citado manual de mantenimiento, otros documentos de diversa índole relacionados con condiciones varias (jurídico-administrativas, registros periódicos de revisión, incidencias o modificaciones que afecten al edificio referido).

El manual de mantenimiento se crea de manera específica para cada edificio atendiendo a las características y uso destinado al mismo, enmarcado, eso sí, dentro de un índice general de aptitudes realmente meticuloso y completo que permite su adecuada estructuración. A su vez se especifican, para cada uno de los distintos elementos constructivos que forman parte del edificio, las recomendaciones relativas al uso y el plan de mantenimiento de las que deben de hacerse cargo los usuarios, detallando, en dicho plan, la frecuencia con que han de ser ejecutadas todas y cada una de las acciones previstas, así como el agente cualificado que actuará como responsable de su cumplimentación.

Del correcto seguimiento de las diversas instrucciones se logrará en gran medida un edificio exento de anomalías y disfuncionalidades energéticas, con un uso lo más racional posible del mismo y una gestión energética más sobresaliente y económica que conducirán, en su conjunto y a medio plazo, a un excelente nivel de confort, seguridad y salud.

Tareas de mantenimiento

En lo relativo a las tareas de mantenimiento debe establecerse la frecuencia con la que se realizarán. Lo habitual es que cuando vengan indicadas aparezcan escritas con las siguientes abreviaturas:

- C: cada vez que se inicia o se pone en marcha.
- D: diaria.
- S: semanal.
- M: mensual.
- A: anual.
- E: eventual (acción a ejecutar cuando la inspección lo aconseje).

Además se colocará el número que corresponda antes del código para frecuencias mayores a la unidad.

Añadir también que, en lo relativo a la persona que deba realizar la inspección o la intervención, se recurrirán a las abreviaturas siguientes:

- U: usuario.
- T: técnico.
- TE: técnico específicamente acreditado.

Ejemplo

Para la descalcificación de aireadores la frecuencia vendrá indicada en el manual de mantenimiento como 6M y el actor como U. Esto se traduce en que deberá ser revisada por el usuario cada 6 meses.

En lo relativo al campo de la eficiencia energética se citarán los puntos más importantes de este manual en cuanto al mantenimiento, enmarcados dentro de un edificio de ámbito residencial u oficinas. Estos son:

- **Aislamiento térmico:** es de gran importancia el poder mantener debidamente aisladas las diversas estancias del edificio con el objeto de minimizar el gasto en climatización ambiental, lo cual permite mantener un adecuado nivel de confort a consumos energéticos inferiores. Por ejemplo, la verificación del estado de impermeabilizaciones, juntas y telas asfálticas se hará con frecuencia anual (A) y por un técnico acreditado (TE).

- **Instalaciones:** hace una división en los siguientes epígrafes:

  1. Fontanería y sanitarios.
  2. Electricidad e iluminación.
  3. Gas.
  4. Calefacción y ACS.
  5. Aire acondicionado.

- **Ventilación:** una adecuada ventilación contribuirá claramente al confort del ambiente en el ámbito en el que este se efectúe y un exceso o defecto en ella revertirá ineludiblemente unos costes excesivos de calefacción en invierno y de refrigeración en verano.

Por ello mismo, el manual de mantenimiento del edificio contempla esta faceta de forma específica y da las pautas a seguir para conseguir una adecuada eficiencia energética que no actúe en detrimento del confort exigible.

Actividades

8. Indicar las diferencias entre el libro y el manual de mantenimiento.

El plan de mantenimiento

Se define **plan de mantenimiento** como una agrupación de tareas individuales, cada una de las cuales gozará de unas características, planificación y operarios particulares, exigiendo de forma individualizada un plan de trabajo y su pertinente informe de realización.

Sin embargo, si se logran asociar cierto tipo de tareas con características u objetivos en común, respetando siempre sus peculiaridades, se podrá operar de un modo eficiente y satisfactorio. Además, así se reducirían las órdenes de trabajo y el plan será más sencillo de concebir.

Importante

El objetivo de un plan de mantenimiento energético es conseguir la máxima disponibilidad y fiabilidad energética de una planta o edificio, tanto a corto como a largo plazo, y siempre al mínimo coste posible.

A su vez, es de destacar también que a la hora de diseñar un plan de mantenimiento es vital efectuar un exhaustivo inventariado donde estén detalladamente identificados y clasificados todos y cada uno de los equipos. Al respecto de su diseño, siempre hay que incidir que el momento idóneo para realizar el plan de mantenimiento es cuando el edificio está en construcción, porque es el momento en el que se pueden añadir medidas de seguridad, exigir a la empresa constructora ciertas garantías que faciliten el mantenimiento en el futuro, introducir modificaciones que no quedaban claras sobre plano, etc. Se ha de tener en cuenta que el plan de mantenimiento debe estar operativo y en ejecución desde el primer instante en que el edificio entra en funcionamiento si se quiere aprovechar al máximo las prestaciones de las instalaciones y maximizar la vida útil de los componentes.

Ejemplo

Un fallo en una bomba de refrigeración o en un simple transmisor de presión puede parar temporalmente una planta o edificio y ocasionar hasta un fallo en el equipo de producción (más costoso económicamente).

Actividades

9. Citar algunos de los campos más importantes del manual de mantenimiento.
10. Indicar si es cierto que el plan de mantenimiento solo vela por la fiabilidad, sin tener en cuenta el coste para la empresa.

Gestión de Mantenimiento Asistida por Ordenador

En otro orden de cosas, conviene en este momento abarcar el tema de la Gestión de Mantenimiento Asistida por Ordenador (conocida como GMAO). Y es que la correcta cumplimentación de todas y cada una de las exigencias de mantenimiento de un edificio, de las cuales la gestión energética es una de las partes más importantes, requiere siempre del uso de una sistemática técnica y administrativa realmente compleja, la cual hoy en día solo puede ser resuelta de forma eficiente, rápida y satisfactoria con la ayuda de soporte informático, y en este caso concreto mediante el uso de programas de GMAO (Gestión del Mantenimiento Asistida por Ordenador) particularizados a las características del edificio que se pretende mantener.

Nota

El principal objetivo de un programa GMAO es proporcionar a la dirección el medio de análisis que optimice la gestión y ayude a la toma de decisiones estratégicas, tácticas y operativas, en este caso, en el entorno energético.

Además de esta función principal surgen otras secundarias pero también importantes, como:

- Facilitar las operaciones de mantenimiento.
- Ayudar a planificar el aprovisionamiento preciso de los recursos que se necesiten para el mantenimiento (mano de obra, herramientas, repuestos, etc.).
- Optimizar la utilización de los recursos disponibles.
- Efectuar informes sobre el estado general del sistema de mantenimiento en función de una serie de indicadores o parámetros, controlando así los niveles de actividad.

Por otra parte, han de sugerirse una serie de recomendaciones importantes a la hora de elaborar el programa y elegir el sistema de gestión energética del mantenimiento, destacando:

- El programa debe considerar la compatibilidad de su planificación con todas las tareas que se desarrollen en el edificio.
- Sus datos deben compartirse con otras aplicaciones y herramientas para evitar trabajar por duplicado.
- El programa se basará en un sistema desarrollado en lenguaje de alta generación y abierto de cara al futuro.
- Seguir la norma vigente en materia de mantenimiento.
- Inclusión de sistema experto de cara a diagnosticar averías.

Por ello debe buscarse que el programa de gestión del mantenimiento (y por supuesto también su sistema de gestión asociado) sea:

- Fácil de comprender y manejar.
- Adaptable.
- Documentado.
- Seguro.

Y es que hoy día existen en el mercado brillantes opciones para que los responsables de la gestión del mantenimiento de edificios puedan encontrar el programa o *software* adecuado, siempre aceptando que se deberán hacer ciertas concesiones, correcciones y adaptaciones para adecuar en mayor medida la opción a una particular necesidad.

Actividades

11. Citar las funciones esenciales de un software de GMAO.
12. Indicar si debe estar el programa de gestión energética integrado con otros departamentos del edificio. Explicar por qué.

4.2. Búsqueda de puntos críticos

La existencia de lagunas o fallos en ciertas partes de las instalaciones debilita enormemente su eficiencia y eficacia y, repercute inevitablemente de forma negativa en las demás áreas de la empresa afectando gravemente a la producción y al rendimiento. Esto se traduce finalmente en una pérdida en competitividad que pone en peligro a la empresa o comunidad.

Por tanto, ha de prestarse una especial atención a aquellas partes de las instalaciones que son más susceptibles de fallo o de afectar negativamente al rendimiento energético. Tales elementos de las instalaciones se conocen como puntos críticos y es preciso identificarlos.

Auditoría de puntos críticos

La auditoría de los puntos críticos en el mantenimiento es un proceso que se encarga de la evaluación del desarrollo de la función del mantenimiento en edificios y empresas. Una vez diagnosticada exhaustiva y apropiadamente la situación del edificio se establecerá un informe del que se puedan extrapolar conclusiones, y a raíz de él, poder establecer un plan de trabajo específico para revertir la situación en el mínimo período de tiempo posible. Por tanto, sumando al trabajo de auditoría el análisis de los resultados obtenidos podrán diagnosticarse los puntos críticos de las instalaciones. La responsabilidad de la puesta en marcha de la auditoría, como la del resto de tareas de mantenimiento exigidas por la legislación, recae sobre titulares y usuarios de las instalaciones.

Llegados a este punto conviene detallar la figura del auditor energético. Es el profesional que realiza la auditoría, solo o coordinando un grupo humano en función de la complejidad de la instalación. Deberá estar capacitado técnicamente para hacer cálculos y mediciones de diversa tipología, además de poseer experiencia en el ámbito. Deberá por ello poseer la titulación exigida, que varía en función de la complejidad de la situación. En el caso particular de edificios públicos, el Real Decreto 390/2021, de 1 de junio, por el que se aprueba el procedimiento básico para la certificación de la eficiencia energética de los edificios establece que las certificaciones energéticas podrán ser realizadas por sus propios servicios técnicos, siempre que sean competentes en ese ámbito. Si no, tanto a nivel público como privado se puede recurrir a empresas privadas especializadas en auditorías energéticas que disponen de este tipo de profesionales.

A la hora de realizar la auditoría de los puntos críticos el auditor adjudicado tendrá que rellenar una ficha técnica para cada máquina o equipo, en la que deberá figurar la marca, modelo y tipo de equipo junto con otros datos que se estimen de interés. Además deberán figurar todos los componentes singulares de la máquina que, por sí mismos, podrían ser susceptibles de afectar a la eficiencia energética de la instalación.

A todo lo anterior, el auditor ha de añadir una serie de valoraciones. Debe especificar las frecuencias de las revisiones a las que el equipo ha sido sometido y, además, deberá calificar como "Bien, Aceptable, Regular, Mal, Muy Mal o Inaceptable" al menos los siguientes parámetros del equipo en cuestión:

- Estado de mantenimiento.
- Mantenibilidad.
- Accesibilidad.
- Elementos auxiliares.
- Ruidos extraños.

Una vez evaluadas máquinas e instalaciones es la hora del análisis de resultados. En este análisis el objetivo es valorar el estado de las zonas más susceptibles de fallo y establecer las medidas necesarias para mejorar aquellas partes que no hayan obtenido una calificación satisfactoria. Por supuesto debe establecerse una escala de prioridades, pues no todos los fallos son igual de importantes.

Aplicación práctica

A la compañía GRANACOPY se le está realizando una auditoría de puntos críticos por parte de una empresa especializada. Una vez realizada la ficha de evaluación, todos los campos de todos los equipos han sido rellenados con calificación máxima (BIEN), salvo en el epígrafe de "Ruidos extraños" del equipo de aire acondicionado pues el técnico duda qué poner. Dicho equipo funciona perfectamente pero emite un ruido anómalo y algo molesto en el apagado. ¿Qué debe poner el técnico en esta casilla?

SOLUCIÓN

El apartado de "Ruidos extraños" tiene la particularidad, como otros apartados, de que es subjetivo y depende de la evaluación personal del técnico. Pero este ha sido formado para calificarlo con precisión. Podría en un primer momento quedar tentado a poner "BIEN" porque el ruido es solo al apagar y es instantáneo, pero no sería correcto, pues el ruido es ligeramente molesto, y además, aunque el equipo funciona bien, podría advertir de una futura avería. Por tanto, y tras reflexionar sobre el tema, decide calificarlo como "MAL" y sugiere la toma de medidas para solucionarlo.

13. Determinar cuál es el objetivo de una auditoría de puntos críticos.

4.3. Identificación de gastos excesivos

Un problema realmente difícil de evitar es que, salvo que el sistema de gestión del edificio reciba un mantenimiento exhaustivo y actualizado regularmente, haya ineficiencias energéticas. Se sabe que los edificios tienen tendencia a aumentar su consumo energético con el paso del tiempo debido a modificaciones de origen variado, como cambios en los usos del edificio y en el personal de mantenimiento, o bien por la formación insuficiente de los operarios o por un mantenimiento y explotación disminuidos.

La identificación de **gastos excesivos** se logra mediante el uso de programas informáticos específicos de mantenimiento adaptados a cada edificio. Dichos programas contendrán los procedimientos de documentación de todas las tareas preventivas y reparaciones realizadas con anterioridad, así como programarán las tareas a acometer en el futuro. Gracias a los registros contemplados en los programas informáticos de gestión del mantenimiento se pueden detectar datos anómalos o funcionamientos extraños de los equipos que indicarán la presencia de gastos excesivos. Esto se logra mediante la evaluación de forma periódica del rendimiento de los equipos.

Pero la importancia de los programas de mantenimiento no acaba aquí. Una vez identificado un equipo como generador de gastos excesivos, es el propio programa de gestión quien dicta el protocolo de actuación pertinente. En estos casos, el mantenimiento preventivo no ha sido suficiente para prevenir una deficiencia energética y deberá ser el mantenimiento correctivo quien se encargue de su reparación.

Por otra parte, otro aspecto decisivo en la conservación de la energía es la gestión de la demanda con sistemas de control en armonía con el servicio de mantenimiento que se ha aplicado a la envolvente del edificio, y también a accesos, ventanas, paredes, etc.

Disponer de una envolvente adecuada y preparada para evitar las pérdidas de energía ayuda a que la demanda energética sea lo más reducida posible, evitando incurrir en gastos excesivos.

Y es que, la experiencia previa en el sector demuestra que la inmediata identificación de gastos excesivos de energía provoca que a menudo puedan ser corregidos con un mantenimiento regular del *software* de control informático, y solo practicando algunos procedimientos de mantenimiento rutinarios de bajo coste.

5. Mantenimiento correctivo. Tareas de mantenimiento correctivo

Se entiende por mantenimiento correctivo al conjunto de actuaciones que han de llevarse a cabo tras producirse una incidencia o avería que precisa ser enmendada o corregida.

5.1. Diagnóstico de averías

El análisis de averías es un proceso por el cual se estudia en qué consiste el fallo y las causas por las que se ha producido, a fin de la toma de medidas para que no se vuelva a producir en el futuro, ya que las ya ocurridas no pueden más que repararse. Este es un método constructivo, porque supone aprender de los errores. Se recopilará el mayor número de datos posible, entre otros la frecuencia de fallo, la temperatura y presión a la que se encuentra el equipo, etc.

Las averías suelen presentarse sin avisar, pero una vez surgidas ha de actuarse del siguiente modo: primero deberán enumerarse los síntomas que definen la avería y luego contrastarse la frecuencia con la que ha surgido esa avería en el pasado. Después ha de evaluarse si es más rentable la reparación o renovación del equipo averiado. A continuación hay que evaluar el estado de las piezas que componen el equipo. Por último, deben estudiarse los factores externos y el modo de uso al que el equipo es sometido por los usuarios del edificio. Así se detectarán las causas por las que surgió la avería y se tendrá información para actuar y prevenir futuros fallos.

Un método para la detección de averías muy interesante es colocar sensores y registradores en equipos o piezas con tendencia repetitiva a fallar y las que están interrelacionadas con estas, pues a veces la pieza que está averiada provoca el fallo o avería de otras, y lo que se está haciendo es reparar las piezas dañadas sin percatarse que la avería procede de otra parte del equipo.

Una herramienta de última generación en el mercado para detectar averías son las cámaras infrarrojas, que lo que hacen es mostrar los cambios de temperatura en los equipos objeto de estudio y con ello detectar funcionamientos anómalos o averías. El mercado ofrece dos tipos: refrigeradas y no refrigeradas en función de si usan o no un material refrigerador. Las refrigeradas son más sensibles.

Estas y otras herramientas que detecten cambios anómalos en los parámetros habituales (presión, temperatura, densidad, humedad,...) de los equipos constituyen herramientas aptas para la detección de averías.

Una vez identificados valores anómalos por parte de los sensores que indiquen riesgos de averías, es muy importante el acopio o registro de dichos valores, pues a veces los fallos son instantáneos y no hay forma de asociarlos con una avería si no han sido guardados en una base de datos que los almacene para su posterior análisis.

Ejemplo

Los golpes de ariete provocan aumentos de presión en instantes muy cortos pero que superan en 1.000 veces la presión usual.

Con los datos recopilados sobre la mesa puede ya saberse a qué se debió el fallo, que generalmente será por error humano de operación o mantenimiento, fallos de los materiales o por factores externos para los que el equipo no estaba configurado.

A continuación se trata otro aspecto importante, la identificación de la gravedad de una avería, la cual depende de dos factores claramente diferenciados:

- Urgencia.
- Importancia.

La urgencia va a definirse de un modo matemático para que pueda ser cuantificable. Se determinará como el cociente entre el tiempo necesario para solucionar una avería y el tiempo que se dispone para solventarla. Esto inmediatamente arroja una serie de afirmaciones:

- **Si la urgencia < 1.** Se dispone de tiempo para solucionar la avería, aunque este será menor cuanto más se acerque la urgencia a uno. Además, la importancia de la incidencia dictará si hay que actuar con más o menos celeridad.
- **Si la urgencia = 1.** Ha de actuarse lo antes posible pues existe equilibrio absoluto entre tiempo disponible y tiempo requerido, por lo que cualquier imprevisto provocaría una demora que podría afectar negativamente al rendimiento de la instalación en cuestión. Pero en teoría, como esto no va a suceder, se estaría en el plazo previsto y no habría que buscar soluciones alternativas derivadas de nuevas incidencias.
- **Si la urgencia > 1.** Se está fuera de plazo, por lo que habrá que actuar inmediatamente y además idear soluciones alternativas para solucionar las incidencias que genere el no poder reparar esta incidencia en el tiempo deseable.

Ejemplo

Una urgencia con un coeficiente de 0,8 será menos urgente que una de coeficiente 0,9 pues se dispondrá de más tiempo para solucionarse. Aún así, por estar ambas por debajo de 1, se tendrá tiempo para solucionar ambas averías.

La importancia mide la gravedad que supone la falta de desarrollo de una acción debida a una avería. Así, puede establecerse que:

- Una acción se determina como de gran importancia o muy importante cuando su no realización paraliza el desarrollo de actividades en el edificio.
- Una acción es de media importancia cuando su no realización supone molestias importantes pero no paraliza el desarrollo de actividades en el edificio.
- Se dice que una acción es de importancia baja o leve cuando su no realización no incide de forma directa sobre el desarrollo de las actividades cotidianas en el edificio.

Según estos parámetros puede definirse ya la gravedad de una incidencia:

- Incidencias muy graves: son siempre muy importantes y muy urgentes.
- Incidencias de gravedad media: aquellas que no son urgentes y no son muy importantes.
- Incidencias leves: aquellas no urgentes y de importancia leve.

Actividades

14. Explicar la diferencia entre urgencia e importancia. Poner un ejemplo.

La empresa SERVIPSA realiza tareas relacionados con auditoría y burocracia en la octava planta de un edificio de Jaén. Un día surge una incidencia en el sistema de abastecimiento de la planta que la anega por completo, impidiendo al personal siquiera acceder al área de trabajo. El tiempo que se tardará en reparar plenamente la avería y limpiar la zona afectada será de unos 2 días, mientras que la empresa solo puede permitirse perder un día. Califique la incidencia.

SOLUCIÓN

Ante todo debe conservarse la calma, pero la situación es más que preocupante. Se trata de una avería que imposibilita cualquier tipo de trabajo, por lo que se denominará como muy importante. Además, como el tiempo para repararla son 2 días y se dispone solo de 1, la urgencia será de $2/1 = 2 > 1$, y no podrá repararse a tiempo, por lo que deberán pensarse soluciones para los problemas que esto derive posteriormente. Por supuesto, al ser una incidencia de importancia muy alta y muy urgente, no puede calificarse la incidencia de otra forma que no sea MUY GRAVE.

5.2. Procedimiento para aislar hidráulica y eléctricamente los diferentes componentes

Siempre que se vaya a realizar un trabajo de mantenimiento o revisión de un edificio en el que existan una o varias instalaciones energéticas, sea la actividad rutinaria o no rutinaria, se debe evaluar el riesgo y preparar el procedimiento idóneo para el aislamiento de los componentes pertinentes.

Consideraciones de importancia

Aislar el equipo eléctricamente consiste en desconectarlo de todas las fuentes de energía eléctricas, tanto secundarias como la principal. Aislarlo hidráulicamente consiste en evitar el paso de fluidos que circulan a una presión y temperatura específicas, empleando determinados mecanismos para ello. Por ejemplo, una válvula de cierre en una tubería sería una forma de aislamiento hidráulico. Así, cualquier equipo por cuyo interior circule un fluido que lo interconecte con el resto de la instalación deberá ser aislado del resto para poder trabajar con él. Es el caso de contadores, tuberías, depósitos, bombas de calor, desagües, redes de ventilación, etc.

Se citan ahora una serie de puntos muy importantes a este respecto:

- A la hora de realizar tareas en equipos en el edificio que puedan requerir el trabajo de personas en zonas peligrosas, debe siempre garantizarse la seguridad y la salud de las mismas con la utilización de dispositivos de consignación que bloqueen la puesta en marcha inesperada o repentina de los equipos.
- Para asegurar la desconexión total de energías o fluidos peligrosos se aplicarán dispositivos de aislamiento, bloqueo y también de señalización. Los primeros (de aislamiento) desconectarán la fuente de energía, aislándola y enclavando su aportación incontrolada mediante un sistema de llaves. Además, y complementariamente, se aplicarán medidas diversas de balizamiento y señalización que adviertan del peligro.

Una vez explicado esto, decir que será el responsable de mantenimiento de la instalación quien deberá efectuar el aislamiento y enclavamiento de la misma.

Respecto al procedimiento de aislamiento eléctrico de equipos son de plena aplicación las indicaciones del Anexo IV: Maniobras, Mediciones, Ensayos y Verificaciones del Real Decreto 614/2001 sobre Trabajos en Tensión, y que se resumen en:

- En las maniobras locales con interruptores o seccionadores el método de trabajo preverá tanto posibles defectos de los aparatos, como la realización de maniobras erróneas, tales como aperturas de seccionadores en carga, o cierres de seccionadores en cortocircuito, por ejemplo.
- En las mediciones, ensayos y verificaciones, cuando fuese necesario retirar algún dispositivo de puesta a tierra colocado en las operaciones realizadas para dejar sin tensión la instalación, se habrán de maximizar las precauciones para evitar una indeseada realimentación. Además, si fuera preciso utilizar una fuente de tensión exterior se habrán de tomar precauciones, asegurando que:

a. La instalación no sea realimentada por otra fuente de tensión distinta a la prevista.
b. Los puntos de corte tengan un aislamiento suficiente como para resistir simultáneamente la tensión de ensayo y la de servicio.
c. Se extremarán las medidas de prevención tomadas frente al riesgo eléctrico, cortocircuito o arco eléctrico al nuevo nivel de tensión utilizado.

- Señalización y delimitación de la zona de trabajo ante la posibilidad de que otras personas ajenas accedan a los elementos sometidos a tensión.

Estas indicaciones comulgan plenamente con las reglas de oro de la electricidad para trabajos en baja tensión, y serán aplicadas a trabajos en equipos de refrigeración, calefacción, climatización, etc., cada cual con sus peculiaridades particulares pero con estos puntos en común. Por supuesto, siempre que sea posible ha de trabajarse en ausencia de tensión.

Pero no debe olvidarse que para revisar o arreglar un equipo o pieza es tan importante el aislarla eléctricamente, como el aislarla hidráulicamente si existe un fluido que circula por dicho equipo (como por ejemplo en radiadores, en los elementos de saneamiento o en depósitos y tuberías destinadas a la distribución de ACS, entre otros).

El fluido puede circular a través de circuitos de forma natural, sin aporte de energía, esto es, por gravedad, o accionado por una bomba. De haber una bomba el primer paso a realizar es apagar el motor de dicha bomba, y cuando esté totalmente estático se desconectará su interruptor eléctrico. Así quedaría bloqueada la energía hidráulica. Pero si se da el caso de que el mismo motor abastece a distintos equipos del edificio y no se quieren desconectar, lo que habrá que hacer entonces es bloquear las válvulas encargadas de regular el flujo del fluido que circula. Es muy importante cerrar las válvulas tanto de entrada como de salida para impedir absolutamente el movimiento del fluido (ni de entrada ni de salida) en el equipo.

Además, las zonas especiales donde se acumula el fluido, que están en contacto directo con el circuito o equipo, deberán desactivarse por relevo de la presión, gracias a las válvulas de alivio presentes. Además, como debe eliminarse todo resto de energía hidráulica en los equipos, se someterá al equipo a un ciclo de funcionamiento.

Es muy importante saber de qué fluido de trabajo se trata para tomar las medidas necesarias. Por ello mismo, las tuberías que comunican con el equipo deben también bloquearse si el fluido es peligroso, y en ocasiones deberán vaciarse o hasta separarse literalmente del equipo. Resaltar también que podrían ser necesarios Equipos de Protección Individual para ciertas tareas.

Finalmente, el siguiente paso es verificar y mantener el bloqueo logrado.

Actividades

15. Responder a las siguientes cuestiones:

    a. ¿Se debe hacer alguna modificación o comprobación en los puntos de corte si se añade una fuente de tensión exterior? Explicar el motivo.
    b. ¿Son recomendables los dispositivos de señalización, aparte de los de aislamiento y bloqueo?

Verificación del aislamiento de equipos

Una vez hechos los pasos y exigencias anteriores para certificar el bloqueo y aislamiento de equipos, todo debería estar en condiciones de plena seguridad para operar en dicha zona y hacer reparaciones y tareas de mantenimiento.

Sin embargo, dada la peligrosidad de las actuaciones, ha de verificarse todo por última vez, y entre otras cosas se debe siempre comprobar en los controles de la máquina que no haya el más mínimo movimiento de indicadores, agujas ni dígitos y que por supuesto ninguna de las diversas luces indicadoras de potencia de los equipos muestre la más mínima potencia existente. Además, habrá que:

- Asegurarse totalmente de que no haya personas en las inmediaciones de las áreas de peligro, dada la posibilidad de que estas hubiesen podido manipular las fuentes de energía, además de por su propia seguridad.
- Asegurarse plenamente de que todos los aparatos de los que consta la instalación están absolutamente imposibilitados para entrar en funcionamiento o puedan suponer un riesgo potencial de algún modo.

Aplicación práctica

Se necesita aislar hidráulica y eléctricamente una caldera eléctrica de calefacción central en un edificio propiedad de la empresa SERVIKSA a fin de realizar su mantenimiento. Para ello se establecen las medidas necesarias de seguridad y salud ante imprevistos. En ellas, el director de la empresa controla en primera persona el procedimiento de consignación para reparar la caldera y se recurre a un operario habitual de la empresa, bastante "manitas" en electricidad, para efectuar la operación de aislamiento. ¿Actúa correctamente?

SOLUCIÓN

Se está incurriendo en dos errores muy graves. Si bien es imprescindible establecer medidas para velar por la seguridad y salud de los operarios, es el personal responsable de mantenimiento autorizado quien debe velar por el cumplimiento total del procedimiento de consignación, pues es quien está capacitado para ello. A este respecto es inadmisible que una persona que no está habilitada profesionalmente, ni autorizada legalmente para efectuar aislamientos eléctricos ni hidráulicos efectúe dichas tareas, por muy hábil que sea en electricidad. Este trabajo deberá hacerlo una persona cualificada y autorizada. De lo contrario, se estaría incurriendo en una irregularidad gravísima.

5.3. Métodos de reparación de los componentes

La detección y diagnóstico de una avería es un proceso que comprende la sucesión de varias etapas. La primera es la **detección** de la avería y la identificación del punto exacto o elemento de un equipo donde esta se ha producido. A continuación se transmite un **aviso** al técnico de mantenimiento responsable de dicho equipo, que señaliza la zona y toma las medidas de seguridad pertinentes. Tras esto viene la etapa de **diagnóstico,** donde se deduce la causa probable del fallo y se inicia el proceso de reparación. En las fases finales de **control, registro y análisis** se registra la incidencia, anotando su duración y causas, quedando almacenada para el futuro.

Además, el mantenimiento correctivo exige, para poder proceder a una reparación inmediata, disponer de stock de piezas de los equipos a los que se ha detectado la avería. Esto implica un coste importante y la necesidad de un espacio donde ubicarlas, por lo que se deberán estimar las piezas que con más probabilidad son susceptibles de fallo para aprovisionarse de ellas. El decidir por qué piezas decantarse es una decisión difícil, pero por ello mismo hay que ayudarse de las bases de datos de los sistemas de gestión de mantenimiento las cuales han ido recopilando todas las estadísticas de fallo de cada componente.

A la hora de reparar algunos de los elementos de la instalación como consecuencia de la aplicación de un mantenimiento correctivo se tienen dos vertientes, filosofías o métodos muy distintos en su escala de prioridades y que se detallan a continuación:

- Modelo de **Reparación No Programada:** en este método la absoluta prioridad es una inmediata reparación del fallo o anomalía justo después de detectarse.
- Modelo de **Reparación Programada:** el también conocido como mantenimiento correctivo programado o planificado no busca solo la máxima velocidad posible sin mirar ningún otro factor, sino que lo hará solo en el momento en el que se cuente con todos los factores de reparación precisos y deseables, que son el personal adecuado y las herramientas, información y materiales necesarios para una reparación satisfactoria y de máxima calidad.

Además hay que estudiar cómo afecta la avería al sistema productivo del edificio, pues condicionará la elección del método correctivo a emplear. Y es que si el equipo averiado es de una importancia vital dentro del sistema productivo (o lo que es lo mismo, si la avería supone la parada inmediata de un equipo imprescindible), la reparación ha de hacerse sin las herramientas, información y personal más deseable, esto es, sin una planificación previa (no programada). Las consecuencias de este acto pueden resultar del todo decepcionantes en el futuro próximo, pues no se trata de una reparación para nada óptima.

Resulta claro que hay que evitar la situación anterior siempre que sea posible. Por supuesto, si se da el caso de que aun con la avería del equipo en cuestión este no resulta imprescindible y se puede mantener la instalación en condiciones operativas con la presencia de ese fallo existente, lo ideal resultará posponer temporalmente la reparación hasta que se dispongan de todos los medios, personal, información, herramientas y materiales idóneos para realizar una reparación óptima que minimice futuros problemas a largo plazo (mantenimiento planificado o programado).

Así pues, como conclusión inmediata se obtiene que, pese a la existencia de dos modelos de mantenimiento correctivo y reparación de componentes posibles sobre la mesa, ha de incidirse en que el **mantenimiento correctivo no programado** es absolutamente una situación límite y casi extrema que debe ser evitada siempre que sea posible, pues generará futuros problemas para la instalación, afectando nuevamente a la producción energética del edificio y al trabajo, perdiendo tiempo o mermando el rendimiento, lo cual redunda finalmente en ingresos e imagen corporativa. Por su parte, el mantenimiento correctivo programado es menos agresivo con todos estos factores, y puede considerarse a tales efectos como un mal menor dentro de las soluciones posibles.

6. Resumen

El mantenimiento es una tarea de una importancia crucial a la hora de determinar la vida útil de un producto o sistema, o para el caso concreto que se trata, de un edificio. Si bien una inversión en mantenimiento puede suponer un pequeño incremento en los gastos durante los primeros años, es seguro que a medio y largo plazo esa inversión se amortizará más que de sobra pues se evitarán multitud de averías de importancia y costes diversos, y además se minimizarán también los efectos de grandes averías. Y es que una avería no solo implica el coste de su reparación, sino que además han de añadirse las repercusiones económicas y laborales que ella conlleva al no poder desarrollarse ciertos trabajos y tareas hasta que sea reparada.

El mantenimiento básicamente se divide en preventivo (cuando el objetivo es evitar que se produzca una avería o fallo) y correctivo (cuando una vez identificada la avería la prioridad es solucionarla en el menor espacio de tiempo posible y minimizando sus efectos negativos). Una adecuada planificación de la gestión del mantenimiento será clave para optimizar su funcionamiento, además, un seguimiento exhaustivo del programa a realizar y una profunda formación de todo el *staff* encargado y relacionado con las tareas de mantenimiento garantizarán el éxito de este proceso.

Ejercicios de repaso y autoevaluación

1. De las siguientes frases, indique cuál es verdadera o falsa.

a. El mantenimiento preventivo es incompatible con el mantenimiento correctivo.

- ☐ Verdadero
- ☐ Falso

b. El mantenimiento preventivo no está legislado.

- ☐ Verdadero
- ☐ Falso

c. En las ACS puede haber riesgo de producirse legionella.

- ☐ Verdadero
- ☐ Falso

d. La limpieza general de la caldera es una de las operaciones en el mantenimiento de una instalación de calefacción.

- ☐ Verdadero
- ☐ Falso

2. Complete la siguiente oración.

Aunque el ____________ del mantenimiento preventivo de _______ _______ _______ _______, no varía de unas instalaciones a otras del edificio, lo que sí es variable son la _______, _______ _______ _______ a realizar en cada tipo de instalación.

3. ¿Todos los elementos de una instalación tienen la misma frecuencia de inspección? ¿Por qué?

____
____
____
____

4. ¿Qué se contabiliza con el contador de agua?

a. Volumen de agua estancado en la tubería.
b. Volumen de agua y aire en el contador.
c. Volumen de agua exclusivamente que pasa por la tubería.
d. Velocidad del agua que pasa por la tubería.

5. ¿Qué indica el valor Ke igual a 0?

____
____
____
____

6. ¿Qué se debe hacer para prevenir la legionelosis?

____
____
____
____

7. ¿Por qué es importante medir la temperatura durante el mantenimiento preventivo de una instalación? Señale las respuestas correctas.

a. Porque reduce el consumo eléctrico.
b. Porque reduce el consumo de gasóleo.
c. Porque se pueden detectar puntos calientes en instalaciones eléctricas.
d. Porque la temperatura influye en la proliferación de bacterias.

8. De las siguientes frases, indique cuál es verdadera o falsa.

a. Todas las incidencias muy graves son siempre muy importantes.

- ☐ Verdadero
- ☐ Falso

b. Las incidencias de gravedad media no son calificadas como muy importantes.

- ☐ Verdadero
- ☐ Falso

c. Las incidencias leves pueden ser, sin embargo, urgentes.

- ☐ Verdadero
- ☐ Falso

d. Las incidencias muy urgentes siempre son muy graves.

- ☐ Verdadero
- ☐ Falso

9. Complete la siguiente oración.

Existen dos formas, vertientes o filosofías claramente diferenciadas de mantenimiento ____________ que implican directamente dos modelos de reparación de los componentes: el ____________ y el no programado. La diferencia es la siguiente: mientras el no programado prioriza la reparación del fallo lo ____________ posible, el otro busca la corrección del fallo cuando se cuenta con el ____________ pertinente, y las ____________, información y materiales necesarios.

10. Si se quiere aislar eléctricamente una instalación, ¿por qué es necesario recurrir a la señalización y delimitación de la zona de trabajo?

____

____

____

____

11. ¿Qué tiene por objetivo conseguir la máxima disponibilidad y fiabilidad energética de una planta o edificio, tanto a corto como a largo plazo, y siempre al mínimo coste posible?

a. Libro de mantenimiento.
b. GMAO.
c. Manual de mantenimiento.
d. Plan de mantenimiento.

12. ¿Cuál es el documento vigente que marca las pautas en materia de certificación energética de edificios?

____
____
____
____

13. Complete la siguiente oración.

El principal ___________ de un GMAO es proporcionar a la ___________ el medio de análisis que ___________ la gestión y ayude a la toma de decisiones estratégicas, tácticas y ___________. En este caso, en el entorno energético.

14. ¿Para qué es necesaria una envolvente del edificio adecuada y preparada para evitar las pérdidas de energía?

a. Evitar incurrir en gastos excesivos.
b. Cuestiones estéticas.
c. No tener que disponer de plan de mantenimiento.
d. Para evitar realizar auditorías.

15. ¿Qué marca la decisión de corregir un fallo correctivamente de forma programada o no programada?

____
____
____
____

Capítulo 2

Planificación, programación y registro del mantenimiento

Contenido

1. Introducción

Aunque las tareas de mantenimiento estén claramente identificadas y bien definidas, sin una planificación y una programación correcta de las actividades, el mantenimiento del edificio no será llevado a cabo de una manera satisfactoria.

Por ello, en este capítulo se describe cómo realizar esta planificación y programación, estimando para ello los tiempos de cada actividad, así como los medios que serán necesarios utilizar.

Esta planificación y programación requiere a su vez de un registro apropiado de todos los procesos. Por esta razón se detallará toda la documentación que es necesaria generar para llevar un adecuado registro del mantenimiento de los edificios.

Por último, se describirán sistemas automáticos de telemedida y telecontrol que permiten una mejora considerable en los procesos de mantenimiento de los edificios.

2. Mantenimiento técnico legal y mantenimiento técnico legal recomendado

El mantenimiento de las instalaciones en los edificios se puede realizar siguiendo dos tipos de mantenimiento diferentes, que son los siguientes:

- El mantenimiento técnico legal.
- El mantenimiento técnico legal recomendado.

A continuación se realiza una descripción de cada uno de ellos.

2.1. Mantenimiento técnico legal

El **mantenimiento técnico legal** consiste en aquel mantenimiento que es necesario realizar porque así lo define la normativa vigente sobre cada tipo de equipo o instalación.

La principal diferencia entre el mantenimiento técnico legal y el mantenimiento técnico legal recomendado es que el primero es de obligado cumplimiento, ya que así lo determina la normativa vigente, mientras que el segundo no es obligatorio, sino que únicamente se trata de una recomendación.

Recuerde

Existen dos tipos de mantenimiento:

- El mantenimiento preventivo, que consiste en la realización de inspecciones periódicas en los edificios para detectar posibles averías o defectos que sean necesarios reparar.
- El mantenimiento correctivo, que es el conjunto de actuaciones que han de llevarse a cabo tras producirse una incidencia o avería que precisa ser enmendada o corregida.

2.2. Mantenimiento técnico legal recomendado

El **mantenimiento técnico legal recomendado** es aquel mantenimiento que es necesario llevar a cabo porque así lo recomienda el fabricante de los diferentes equipos e instalaciones.

El mantenimiento técnico legal recomendado, como ya se ha indicado, no es de obligado cumplimiento.

Si bien este tipo de mantenimiento incluye mayor nivel de detalle y exigencia, y requiere un consumo mayor de recursos, tanto de horas de trabajo de los empleados, como de materiales, redunda en una serie de ventajas que hacen que este tipo de mantenimiento deba ser realizado. Estas son las siguientes:

- La normativa actual no cubre todos los tipos de equipamiento e instalaciones que puedan estar presentes en un edificio, porque estas normativas no pueden llegar a un nivel de detalle suficiente para describir los componentes de cada equipo.
- Existe una gran diferencia de equipos e instalaciones que cada fabricante produce de una forma diferente y utilizando materiales determinados. Por ello, el fabricante detecta con mayor facilidad las necesidades específicas de mantenimiento de sus equipos e instalaciones.
- El desarrollo del mantenimiento técnico legal recomendado redunda, a largo plazo, en considerables ahorros económicos. En una primera instancia se requiere llevar a cabo labores de mantenimiento que tienen un coste económico, pero estas labores producirán ahorros posteriores en forma de reducción de averías graves o en una menor necesidad de renovación de equipos e instalaciones, prologando la vida útil de los mismos.

El siguiente gráfico resume las principales diferencias entre los dos tipos de mantenimiento, así como las principales características y ventajas de cada uno de ellos:

Principales características y ventajas del mantenimiento técnico legal y el técnico legal recomendado

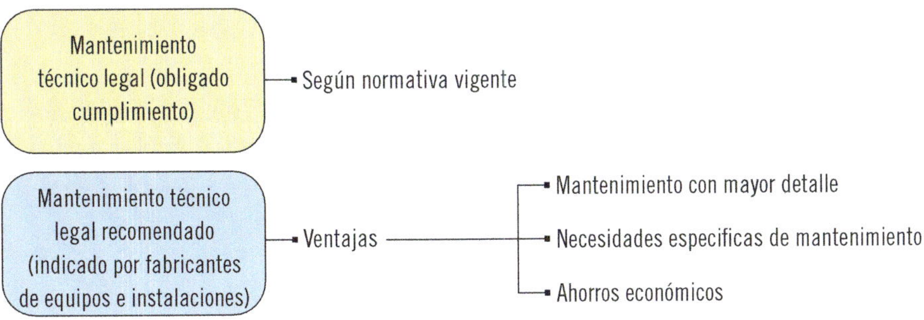

Actividades

1. Indicar por qué no es posible incluir todo el mantenimiento técnico legal recomendado como mantenimiento técnico legal de obligado cumplimiento, si tiene mayores ventajas que hacen que sea recomendable aplicar.

3. Determinación de tiempos

Una adecuada planificación y programación de las tareas de mantenimiento en los edificios trae consigo numerosas ventajas, entre las que destacan las siguientes:

- Ahorros económicos, ya que si el mantenimiento se realiza de manera adecuada se reducen las necesidades de reparaciones o compras de nuevos equipos e instalación.
- Correcto dimensionamiento de equipos, reduciendo los costes de personal, ya que una programación óptima permite el uso del personal de una manera eficiente.
- Mantenimiento de los equipos e instalaciones eficiente, reservando así un tiempo específico para cada tarea en el que poder realizar cada labor de manera independiente.

El proceso necesario para realizar la planificación y programación del mantenimiento consiste en:

1. Determinación de tiempos.
2. Cálculo de necesidades.
3. Planificación de cargas.

La determinación de tiempos se debe realizar de manera independiente para los dos tipos de mantenimiento existentes: preventivo y correctivo.

La determinación de los tiempos del mantenimiento preventivo se puede realizar basándose en las experiencias del mantenimiento de otros edificios, mientras que para el mantenimiento correctivo estos dependen de imprevistos que son difícilmente predecibles.

3.1. Tiempos para el mantenimiento preventivo

Los tiempos de mantenimiento preventivo asociados a cada tarea dependen de muchos factores que hacen que esta determinación no sea siempre sencilla.

Estos factores son principalmente la complejidad de cada equipo o instalación, la experiencia de los empleados, el tamaño del edificio o el sistema de control del mantenimiento, entre otros.

Por ello, lo más adecuado es utilizar tiempos basados en otras experiencias de edificios similares. Los tiempos que se incluyen a continuación son orientativos, debiéndose determinar en cada caso unos tiempos medios.

Por ejemplo, se muestran los tiempos para el mantenimiento preventivo según una estimación realizada en el documento **Desarrollo e implantación del plan de mantenimiento en un edificio de oficinas** de la Universidad Carlos III de Madrid, basada en el tiempo que se necesitó para realizar el mantenimiento en varios edificios de oficinas.

Esta estimación debe considerarse únicamente como orientativa y como un ejemplo real de estas tareas de mantenimiento, ya que en la práctica cada edificio presentará unas necesidades diferentes.

Según el documento **Desarrollo e implantación del plan de mantenimiento en un edificio de oficinas,** los tiempos necesarios para el mantenimiento preventivo por tipo de instalación, según sea mantenimiento técnico legal o mantenimiento técnico legal recomendado, son:

Tiempos necesarios para el mantenimiento preventivo por tipo de instalación		
Instalación	**Mantenimiento técnico legal (minutos)**	**Mantenimiento técnico legal recomendado (minutos)**
Gas	341	598
ACS	25.684	38.216
Climatización	262.074	331.052
Electricidad	4.853	22.567
Fontanería y saneamiento	17.123	24.841
Producción frío y calor	6.362	25.225
Seguridad y protección	90	15.114
Limpieza	0	3.240
Protección contra incendios	14.094	30.671
Torre de refrigeración	7.100	10.285
Instalaciones varias	25.332	30.036
TOTAL	363.053	531.845

Recuerde

El mantenimiento técnico legal consiste en aquel mantenimiento que es necesario realizar porque así lo define la normativa vigente sobre cada tipo de equipo o instalación.

El mantenimiento técnico legal recomendado es aquel mantenimiento que es necesario llevar a cabo porque así lo recomienda el fabricante de los diferentes equipos e instalaciones.

3.2. Tiempos para el mantenimiento correctivo

Respecto a los tiempos del mantenimiento correctivo, este manual considera que el tiempo necesario para llevar a cabo el mantenimiento correctivo es del 20 % del tiempo empleado en el mantenimiento preventivo. Este porcentaje del 20 % se ha estimado en función de experiencias pasadas en el mantenimiento de edificios, si bien podría sufrir diversas variaciones.

Por tanto, para obtener el tiempo total dedicado al mantenimiento es necesario sumar a los tiempos del mantenimiento preventivo el tiempo del mantenimiento correctivo, que, como se ha dicho, el manual estima en el 20 % del tiempo empleado en el mantenimiento preventivo.

Actividades

2. Ponga al menos dos ejemplos de algún tipo de mantenimiento que sea necesario realizar semanalmente, pero no diariamente.

3.3. Tiempos totales de mantenimiento

El tiempo total para el mantenimiento se calcula, según lo expuesto, multiplicando por 1,20 los tiempos destinados al mantenimiento preventivo.

Siguiendo con el ejemplo real de los apartados anteriores, los tiempos del mantenimiento preventivo son de 363.053 minutos (o 6.051 horas) y de 531.845 minutos (o 8.864 horas), por lo que el **tiempo total de mantenimiento** será de 7.261 horas según el mantenimiento técnico legal y de 10.637 horas según el mantenimiento técnico legal recomendado.

Estos tiempos serán utilizados para el cálculo de necesidades y planificación de cargas de los siguientes apartados.

4. Cálculo de necesidades

Una vez determinados los tiempos de mantenimiento preventivo por actividad, es necesario realizar el cálculo de necesidades.

Estas necesidades pueden ser de dos tipos:

1. Necesidades humanas.
2. Necesidades materiales.

4.1. Necesidades humanas

Las necesidades humanas hacen referencia a todas las personas involucradas en las tareas de mantenimiento.

El número de personas dependen de las tareas que se vayan a realizar y del tamaño de la empresa de mantenimiento en sí. Sin embargo, pueden llegar a estar presentes los siguientes grupos de medios humanos:

Grupos de medios humanos

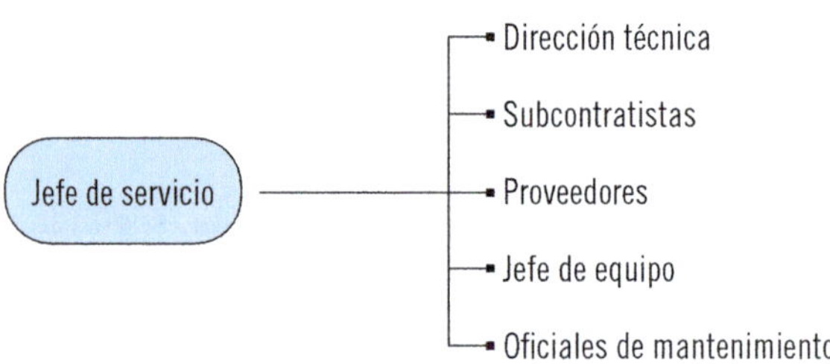

La función de cada grupo de medios humanos es la siguiente:

- **Jefe de servicio:** es el máximo responsable del mantenimiento del edificio y trabaja de manera permanente en él.
- **Jefe de equipo:** realiza de forma directa las labores de mantenimiento del edificio, en el que trabaja de manera permanente, y depende del jefe de servicio.

- **Oficiales de mantenimiento:** dependen del jefe de servicio y del jefe de equipo y realizan tareas de apoyo en el mantenimiento del edificio en el que trabajan de manera permanente.
- **Dirección técnica:** puede trabajar de manera permanente o no en el edificio y se encarga de aportar los conocimientos técnicos de cualquier tipo de reparación siempre que estos sean necesarios.
- **Subcontratistas:** en el caso de que así se necesite, realizan las tareas de mantenimiento que por su complejidad o dedicación no pueden realizar los oficiales de mantenimiento.
- **Proveedores:** se encargan del suministro del material necesario para el mantenimiento.

4.2. Necesidades materiales

Las necesidades materiales hacen referencia a todos los equipos e instrumentales necesarios.

Estos equipos e instrumentales dependen del tipo de mantenimiento específico que se vaya a realizar, pero como mínimo, las necesidades materiales serán las siguientes:

- **Vehículos a motor.** Serán necesarios para transportar material y deberán disponer del tamaño adecuado a las necesidades de transporte.
- **Ordenador o terminal para registro de actividades.** Estos equipos pueden disponer de impresora y son necesarios para la comunicación entre las diferentes empresas que realizan el mantenimiento y la propiedad del edificio. Además, son necesarios para llevar un adecuado registro de las tareas de mantenimiento.
- **Uniformes de trabajo.** Cada empleado debe disponer de un uniforme. El objeto de estos uniformes es identificar al personal de mantenimiento.
- **Equipos de Protección Individual (EPI).** Se utilizarán los Equipos de Protección Individual que son necesarios para cada actividad.
- **Herramientas de trabajo necesarias.**

5. Planificación de cargas

La planificación de cargas de trabajo parte de la determinación de los tiempos que se describieron anteriormente para la realización de las tareas de mantenimiento de cada una de las actividades.

Con estos tiempos estimados se puede realizar la planificación de cargas considerando el número de horas de trabajo por empleado. Este número de horas de trabajo viene establecido por convenio colectivo. Los convenios colectivos pueden determinarse dentro de la propia empresa o para un ámbito sectorial, provincial, regional o estatal.

Convenio colectivo
El convenio colectivo es un acuerdo entre representantes de las empresas (patronal) y representantes de los trabajadores (sindicatos) tras una negociación para regular en común los aspectos de su relación laboral.

Sin embargo, el número de horas de trabajo medio se sitúa en torno a las 1.800 horas de trabajo anuales.

Con este número de horas de trabajo se puede establecer el número de empleados necesarios mediante la siguiente fórmula:

Nº empleados = Horas totales de mantenimiento / Horas de convenio

Esta estimación es una estimación teórica del número de empleados, ya que la estimación específica de cada edificio depende de un gran número de factores, como la disponibilidad de los técnicos que realizan el mantenimiento, las rutinas de mantenimiento, el grado de saturación teórica y real de la plantilla de mantenimiento, etc. Sin embargo, todas estas circunstancias dependen de manera específica para cada edificio. Por ello, aunque a continuación se realiza una estimación teórica, es necesario tener en cuenta que en la realidad pueden existir muchos otros factores, como los ya descritos, que pueden alterar esta estimación.

Las horas totales de mantenimiento ya han sido definidas, mientras que las horas de convenio son aproximadamente 1.800.

Ya se determinaron para un caso real de un edificio de oficinas un total de 7.261 horas según el mantenimiento técnico legal y de 10.637 horas según el mantenimiento técnico legal recomendado. Ambos tiempos incluyen los dos tipos de mantenimiento: el mantenimiento preventivo y el mantenimiento correctivo.

Aplicando la fórmula anteriormente descrita se obtiene la planificación de cargas de trabajo, que es la siguiente:

Instalación	Horas totales de mantenimiento	Horas de convenio	N.º de empleados
Mantenimiento técnico legal	7.261	1.800	4,13
Mantenimiento técnico legal recomendado	10.637	1.800	6,05

Según el tiempo de mantenimiento, ya sea técnico legal o técnico legal recomendado, el número de empleados se sitúa entre 4 y 6 empleados necesarios.

Este número de empleados ha de repartirse entre los miembros del equipo de mantenimiento que tengan una dedicación plena en el edificio en cuestión, que tal como se sabe, son normalmente el jefe de servicio, el jefe de equipo y los oficiales de mantenimiento.

Esta necesidad de entre 4 y 6 empleados debe considerarse únicamente como orientativa y como un ejemplo real de estas tareas de mantenimiento, ya que en la práctica cada edificio presentará unas necesidades diferentes.

Actividades

3. Señalar por qué son superiores los empleados necesarios para el mantenimiento técnico legal recomendado que para el mantenimiento técnico legal. Razonar la respuesta.

Aplicación práctica

Su empresa de mantenimiento ha sido recientemente adjudicada con el mantenimiento de un edificio de oficinas de 5 plantas. Como responsable del personal de mantenimiento de esta empresa, tiene que realizar una estimación de las cargas de trabajo que concluya con el número de empleados que es necesario contratar.

De manera orientativa, tiene la información disponible del tiempo empleado en el mantenimiento preventivo técnico legal del año 2023, que es el siguiente:

Instalación	Mantenimiento preventivo (minutos)
Gas	500
ACS	20.000
Climatización	200.000
Electricidad	5.000
Fontanería y saneamiento	50.000
Otras instalaciones	280.000
TOTAL	**555.500**

Continúa en página siguiente >>

<< Viene de página anterior

Con esta información, realice la planificación de cargas detallando lo siguiente:

a. **La estimación del personal necesario.**
b. **Asigne de forma aproximada a cada persona una categoría profesional en función de las necesidades de medios humanos detectadas.**
c. **¿Qué recomendación sería necesaria añadir en esta planificación de cargas que se ha realizado según el mantenimiento preventivo técnico legal?**

SOLUCIÓN

1. Estimación del personal:
   El tiempo total de mantenimiento según la información disponible fue de 555.500 minutos en el año 2023, que pasados a horas suponen 9.258 h, como se muestra a continuación:
   555.500 min/60 min/h = 9.258 h.
   Estas horas corresponden al mantenimiento preventivo únicamente. Sumándole el 20 % que de medida se dedica al mantenimiento correctivo, el tiempo total sería de 11.110 horas, como se muestra a continuación:
   9.258 h + 9.258 h x 0,20 = 11.110 h.
   Dividiendo este tiempo total entre el número de horas de trabajo anuales, que son 1.800 horas, se obtiene un total de 6,17 empleados:
   11.110 h/1.800 h/empleado = 6,17 empleados.
   Por tanto, se puede concluir que son necesarios un total de 7 empleados.

2. Asignación de personal:
   Puesto que existen 7 empleados, lo más adecuado sería realizar la siguiente asignación de personal:

   - 1 Jefe de servicio.
   - 2 Jefes de equipo.
   - 4 Oficiales de mantenimiento.

3. Recomendaciones:
   Los tiempos con los que se ha realizado esta planificación de cargas corresponden al mantenimiento preventivo técnico legal. Por ello se cumple con la normativa vigente, pero de cara a mejorar el mantenimiento del edificio sería necesario realizar este dimensionamiento según el mantenimiento preventivo técnico legal recomendado (según las indicaciones de los fabricantes). Sin embargo, esto supondría un incremento en el personal necesario que debería ser discutida con la propietaria del edificio.

6. Documentación para la planificación y programación

La documentación para la planificación y programación es necesaria en el mantenimiento de las instalaciones en los edificios para llevar un adecuado registro y control de las labores de mantenimiento que se deben realizar.

Existe una gran variedad de documentación para la planificación y programación en función del objetivo concreto que se persiga. En este apartado se van a describir los siguientes tipos de documentación:

A continuación se realiza una descripción de cada uno de los documentos descritos en el esquema anterior.

Documentación para la planificación y programación

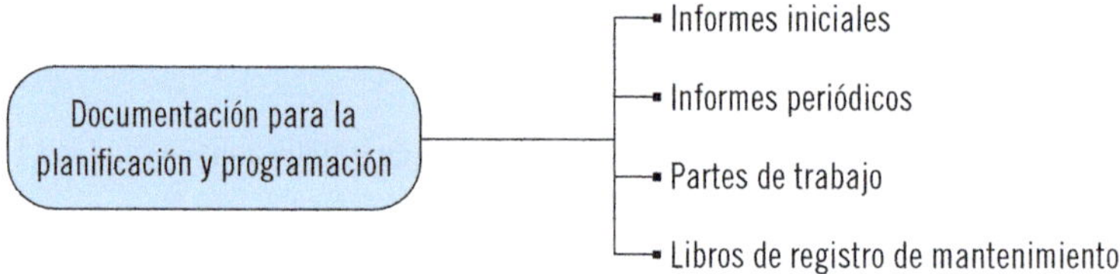

6.1. Informes iniciales

Cuando una empresa de mantenimiento se hace cargo del mantenimiento de un edificio, inmediatamente después de asumir esta responsabilidad debe realizar un **informe inicial** sobre el estado de los equipos e instalaciones.

Este tipo de informe solo se realiza en el inicio del mantenimiento y no es necesario hacerlo en las fases posteriores en las que la empresa ya ha asumido el papel de empresa de mantenimiento del edificio.

El objetivo de los informes iniciales es detectar lo siguiente:

- Conocer la instalación, identificar los elementos que la componen y su relación con el resto de instalaciones.

- Detectar los equipos e instalaciones en mal estado pero que continúan en funcionamiento. Se trata de equipos e instalaciones que es necesario reparar aunque no de forma urgente, ya que continúan su funcionamiento.
- Detectar los equipos e instalaciones averiadas y que es necesario reparar de forma urgente, aunque su reparación se realizará en función de las necesidades del edificio.
- Detectar defectos en los equipos e instalaciones.
- Detectar los fungibles que sea necesario reponer.

Fungibles
Son aquellos bienes que se consumen por el uso.

Es necesario realizar, por tanto, los informes iniciales al comienzo de las labores de mantenimiento. Una vez realizados estos informes, y entregados al propietario del edificio, se considera que el propietario del edificio es conocedor de su contenido (necesidades de reparación, averías, etc.).

A partir de este momento, el propietario del edificio debe decidir si reparar las averías detectadas o posponerlas para más adelante.

En cualquier caso, la empresa encargada del mantenimiento se exime de responsabilidad en cuanto a futuros daños que pudieran surgir por no haber reparado estas averías, siempre y cuando se hayan elaborado los informes iniciales y se hayan entregado a la propiedad del edificio.

Actividades

4. Enumerar al menos tres tipos de bienes fungibles que pueden estar presentes en un edificio.

6.2. Informes periódicos

Los informes periódicos se deben realizar con una periodicidad determinada, que será fijada de mutuo acuerdo entre la propiedad del edificio y la empresa de mantenimiento. Esta periodicidad suele ser mensual.

Los objetivos de estos informes son:

- Descripción de las tareas y labores llevadas a cabo, que formarán parte del mantenimiento preventivo.
- Descripción de los resultados obtenidos tras la realización de las tareas y labores.
- Incidencias que pudieran haber ocurrido y sean necesarias dejar por escrito para conocimiento de la propiedad.
- Estado general de los equipos e instalaciones.
- Recomendaciones o sugerencias relativas al mantenimiento del edificio.

Además, los informes periódicos deben utilizarse como un elemento de retroalimentación, de manera que permitan ayudar a realizar una mejor programación de las tareas de mantenimiento y a lograr un funcionamiento más eficiente de la instalación, a reducir gastos de mantenimiento, etc. Esto se lograría mediante un análisis de los diferentes informes periódicos de una manera cronológica, identificando que incidencias suelen repetirse, si se ha mejorado el estado general de los equipos, etc.

La forma de presentación de los informes periódicos deberá ser siempre la misma en la medida de lo posible. De esta manera se garantiza una lectura rápida y sencilla de estos informes y se asegura la legibilidad de los mismos por parte de la propiedad.

Sabía que...

Hay empresas propietarias que se dedican exclusivamente al arrendamiento o alquiler de edificios para oficinas o viviendas. Estas empresas pueden llegar a tener un número muy elevado de edificios en su cartera. Llevar a cabo el control del mantenimiento en todos ellos puede llegar a ser una tarea muy complicada. Por ello, la elaboración de informes periódicos con el mismo formato puede facilitar la lectura de los mismos.

6.3. Partes de trabajo

Los partes de trabajo son los documentos que se generan para dejar constancia de la actividad llevada a cabo, ya que todas las labores de mantenimiento de los equipos e instalaciones que se realicen deben estar debidamente documentadas.

La información de los partes de trabajo es fundamental para la elaboración de los otros informes descritos en este apartado (informes periódicos, libros de mantenimiento, etc.).

Existen dos tipos diferentes de partes de trabajo:

1. **Partes de trabajo diario.** Se realizan, como su propio nombre indica, diariamente, e incluirán la siguiente información:
    - Fecha.
    - Equipo o instalación averiada y que se ha reparado o que sea necesario reparar.
    - Hora en que se inició la reparación o revisión del equipo o instalación y hora en que se terminó.

- Tipo de reparación que se necesitaba.
- Material empleado para la reparación.
- Personal implicado.

2. **Partes de trabajo de averías.** Se realizan únicamente cuando se ha producido una avería y ha sido necesaria su reparación, por lo que no se efectúan diariamente, e incluirán la misma información que los partes de trabajo diario, pero relacionados únicamente con el equipo o la instalación averiada.

Parte de trabajo diario			
Empresa		Día	RF*
O.T. (orden de trabajo)			
Jefe de mantenimiento			
Jefe de equipo			
Operarios			
Descripción de los trabajos			
Operación	**Material empleado**	**Herramientas**	**Horas**
		Total de horas	

Ejemplo real de parte de trabajo

Actividades

5. Indicar qué utilidad tiene disponer de partes diarios de trabajo para la empresa que realiza el mantenimiento y para la empresa o persona propietaria del edificio.

6.4. Libros de registro de mantenimiento

Una parte fundamental de la planificación y programación es dejar constancia del trabajo realizado. Los libros de registro de mantenimiento son la documentación oficial que debe existir para llevar un adecuado registro de las labores de mantenimiento realizadas.

Los libros de registro de mantenimiento han de estar constantemente actualizados, de manera que en ellos se pueda tener un registro histórico hasta la fecha más reciente.

La información que debe contener estos libros es la siguiente:

- Inventario de todos los equipos e instalaciones de los que dispone el edificio. En el caso de que se añadan nuevos equipos o instalaciones, estos deberán ser agregados al libro de mantenimiento.
- Tareas de mantenimiento preventivo que es necesario realizar sobre cada uno de los equipos e instalaciones.
- Planificación de las tareas de mantenimiento preventivo.
- Registro de las inspecciones.
- Registro de las averías.
- Reparación de averías llevadas a cabo.

7. La orden de trabajo

La orden de trabajo es un documento de control que se crea para comunicar las necesidades de mantenimiento. Con ella el jefe de servicio informa a los oficiales de mantenimiento sobre los trabajos que deben realizar. En ellas se recoge toda la información necesaria para realizar un trabajo de mantenimiento determinado, incluyendo tanto la descripción de los trabajos a realizar, como de los recursos, materiales y personal a utilizar. Precede a cualquier tipo de trabajo que vaya a realizar sobre los equipos e instalaciones de los edificios.

La orden trabajo es previa a la realización del trabajo, y una vez ejecutado este, debe realizarse el correspondiente informe de trabajo.

Sin embargo, una orden trabajo debe contener, al menos, la siguiente información:

- N.º de la orden de trabajo.
- Fecha en que se realiza la orden de trabajo.
- Fecha en la que se realizarán los trabajos.
- Tipo o especialidad de los trabajos.
- Empresa que va a realizar los trabajos (en el caso de que vayan a ser subcontratados).
- Características del trabajo encargado.
- Descripción de los trabajos que se deben realizar.
- Material que se vaya a emplear en los trabajos y equipos auxiliares necesarios con indicación del tiempo de uso estipulado.
- Fecha y firma de la recepción de la orden de trabajo por la empresa que los vaya a realizar.
- Fecha y firma de la aceptación de la orden de trabajo por la empresa de mantenimiento.
- Visto bueno de los trabajos realizados, una vez que estos hayan concluido.

APÉNDICE I

ORDEN DE TRABAJO	N.º

ESPECIALIDAD:	EMPRESA:

CARACTERÍSTICAS DEL TRABAJO ENCARGADO,

DESCRIPCIÓN DEL TRABAJO.

APORTACIÓN DE MATERIAL.

Recibida la orden de trabajo Por la Empresa.	Aceptada la propuesta Por el Jefe de Mantenimiento General.	VºBº del trabajo realizado.
Fdo. Fecha.	Fdo. Segundo de los Heros Abril.	Fdo. Fecha.

Ejemplo de orden de trabajo real para el mantenimiento de edificios e instalaciones. En esta puede observarse la información mínima que se necesita incluir en la orden de trabajo.

Aplicación práctica

De igual manera que en la aplicación práctica anterior, a su empresa de mantenimiento le acaba de ser adjudicada el mantenimiento de un edificio. Por ello, es necesario generar desde el inicio del mantenimiento la documentación correspondiente.

Responda a las siguientes preguntas:

a. **¿Cuál es el informe que podría eximir de responsabilidades si se elabora y se entrega a la propiedad?**
b. **Este informe ha sido elaborado, pero no ha sido entregado a la propiedad. Sin embargo, se ha producido una avería por un déficit de mantenimiento previo al inicio de las labores de mantenimiento por su empresa. ¿Qué responsabilidad tendría para la empresa actual de mantenimiento? ¿Quién sería el responsable de su reparación, aunque el déficit de mantenimiento corresponde al periodo anterior al inicio de las labores de mantenimiento por su empresa?**

SOLUCIÓN

a. El informe que exime de responsabilidades a la empresa de mantenimiento es el informe inicial, pues en él se detectan averías o deficiencias previas al inicio de los trabajos y que no son responsabilidad de la empresa de mantenimiento.
b. El informe inicial debe ser elaborado e, inmediatamente después, entregado a la propiedad. Por ello, si se produce una avería por un déficit en el mantenimiento y el informe inicial no ha sido entregado a la propiedad, el responsable de su reparación es la empresa actual de mantenimiento.
   Aunque la avería se haya producido por un déficit en el mantenimiento de la empresa que estaba realizando previamente este trabajo, la propiedad no tenía conocimiento de este déficit de mantenimiento porque no ha tenido acceso al informe inicial. Por tanto, el responsable de su reparación es la empresa actual de mantenimiento.

6. Explicar por qué es necesario y relevante que exista la fecha y, especialmente, la firma de la aceptación y de la recepción de una orden de trabajo. Reflexionar sobre las posibles implicaciones que tendría la existencia de una orden de trabajo que no haya sido firmada por la empresa a la que va a dirigida la orden, es decir, la empresa que va a realizar los trabajos de mantenimiento.

8. Sistemas automáticos de telemedida y telecontrol

El significado de estos dos términos es el siguiente:

- **Telemedida:** medición de diferentes parámetros a distancia y de una forma automática.
- **Telecontrol:** control de diferentes parámetros a distancia y de una manera automática.

Los sistemas automáticos de telemedida y telecontrol pueden mejorar de forma significativa la planificación, programación y documentación de las tareas de mantenimiento, ya que estos dos sistemas automáticos pueden aportar las siguientes ventajas:

- Ahorros económicos en los costes de mantenimiento.
- Seguridad en la medida y control, ya que se realizan mediante sistemas automáticos en los que el error humano no se considera.
- Disponibilidad de la información durante las 24 horas y desde cualquier lugar, ya que no se requiere la medición o control *in situ* de los equipos e instalaciones.

Los sistemas de telemedida y telecontrol se basan, por tanto, en la medida y control de diferentes parámetros, como pueden ser el consumo de agua, de gas, eléctrico o de otras cuantificaciones relativas a los equipos, como la temperatura de los sistemas de climatización, entre otras.

Estos parámetros son posteriormente enviados o recibidos hacia o desde los concentradores que centralizan la información, la almacenan y la envían o reciben posteriormente a los servidores.

Definición

Servidor
Nodo que forma parte de una red que provee servicios a otros nodos denominados clientes. En el caso de la telemedida y el telecontrol, los clientes son los usuarios de estos sistemas automáticos.

Los servidores se encargan de canalizar la información recibida o enviada de los concentradores y enviarla o recibirla a su vez a los destinatarios de la información, ya sea por correo, a través de otros sistemas de comunicaciones como internet, o mediante avisos.

La siguiente imagen muestra este proceso de flujo de información entre equipos e instalaciones, concentrador, servidor y destinatarios finales.

Flujo de información en los sistemas automáticos de telemedida y telecontrol

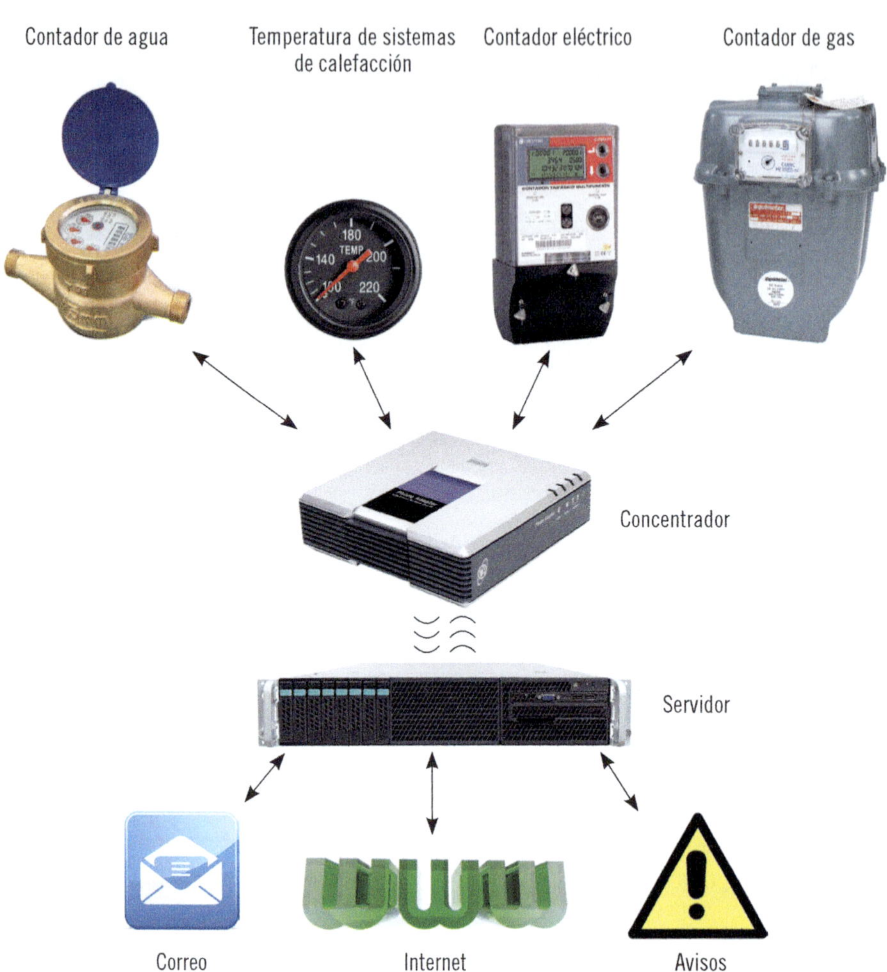

9. Resumen

Antes de proceder con la planificación y programación del mantenimiento es preciso conocer la diferencia entre el mantenimiento técnico legal, que es el mantenimiento obligatorio según la normativa vigente, y el mantenimiento técnico legal recomendado, que es aquel recomendado por el fabricante.

Con la diferencia entre estos dos conceptos se puede proceder con la metodología que se utiliza para la planificación y programación del mantenimiento.

Esta metodología comienza con la determinación de los tiempos que conlleva la realización de cada una de las tareas de mantenimiento. Con la suma de estos tiempos se realiza una estimación de las necesidades humanas y materiales para, posteriormente, planificar las cargas de trabajo.

Esta planificación y programación debe ser acompañada de la documentación correspondiente, que consiste en el informe inicial, los informes periódicos, el informe de trabajos y el libro de registro de mantenimiento. Igualmente, es necesaria la generación de una orden de trabajo que contenga la información mínima que ha sido descrita.

Por último, de cara a mejorar la planificación, programación y la documentación del mantenimiento, se puede hacer uso de la telemedida y el telecontrol. La primera es la medición de diferentes parámetros a distancia, mientras que la segunda es el control de estos parámetros a distancia.

Ejercicios de repaso y autoevaluación

1. De las siguientes frases, indique cuál es verdadera o falsa.

a. La telemedida consiste la medición a distancia de diferentes parámetros a distancia y de una forma automática.

- ☐ Verdadero
- ☐ Falso

b. El telecontrol consiste en la medición a distancia de diferentes parámetros de control.

- ☐ Verdadero
- ☐ Falso

c. La telemedida y el telecontrol suponen incrementos importantes en los costes de mantenimiento.

- ☐ Verdadero
- ☐ Falso

d. Los sistemas de telemedida y telecontrol aportan seguridad en el mantenimiento del edificio.

- ☐ Verdadero
- ☐ Falso

2. Complete la siguiente oración.

El mantenimiento técnico legal supone unas necesidades de personal ___________ que el mantenimiento técnico legal recomendado. Además, el mantenimiento técnico legal recomendado tiene inicialmente un coste __________ y posteriormente supone una ___________ de los costes de mantenimiento.

3. **¿Cuántas horas anuales de dedicación suele tener un empleado de mantenimiento? ¿De qué dependen?**

4. **¿Qué relación existe entre los tiempos de mantenimiento preventivo y el mantenimiento correctivo?**

   a. El mantenimiento correctivo es un 20 % del tiempo del mantenimiento preventivo.
   b. El mantenimiento preventivo es un 20 % del tiempo del mantenimiento correctivo.
   c. El mantenimiento correctivo es un 15 % del tiempo del mantenimiento preventivo.
   d. El mantenimiento preventivo es un 15 % del tiempo del mantenimiento correctivo.

5. **¿En qué momento es necesario realizar los informes iniciales de mantenimiento?**

6. **¿Cuántos tipos de parte de trabajo existen?**

7. ¿Quién es el máximo responsable del mantenimiento de un edificio?

a. La dirección técnica.
b. El jefe de servicio.
c. El jefe de equipo.
d. El oficial de mantenimiento.

8. De las siguientes frases, indique cuál es verdadera o falsa.

a. En los informes iniciales se recoge el procedimiento a seguir para la reparación de una avería.

☐ Verdadero
☐ Falso

b. El parte diario de trabajo recoge las averías que se han producido diariamente durante el mantenimiento.

☐ Verdadero
☐ Falso

c. El libro de registro de mantenimiento ha de estar constantemente actualizado.

☐ Verdadero
☐ Falso

d. Las órdenes de trabajo son previas a la realización del trabajo.

☐ Verdadero
☐ Falso

9. ¿Qué tipo de documentación describe y autoriza los trabajos a realizar?

a. El libro de mantenimiento.
b. La orden de trabajo.
c. El informe inicial.
d. El informe de averías.

10. Relacione los siguientes elementos.

a. El parte de trabajo diario.
b. El parte de trabajo de averías.
c. Los informes periódicos.
d. El informe inicial.

__ Detecta las averías existentes antes de iniciar las labores de mantenimiento en un edificio.
__ Deben contener el mismo formato para facilitar su lectura.
__ Se realiza al final de la jornada laboral.
__ Hace referencia a las tareas realizadas sobre un equipo o instalación concreta averiada.

11. El mantenimiento técnico legal recomendado, ¿qué información contempla?

a. La existente en la normativa vigente.
b. La basada en experiencias previas.
c. La dada por el fabricante de los equipos e instalaciones.
d. La estimada por la dirección técnica de mantenimiento.

12. ¿Cuál es la diferencia entre el mantenimiento técnico legal recomendado y el mantenimiento técnico legal?

____
____
____
____

13. Complete la siguiente oración.

La primera actividad que se debe realizar en la planificación y programación del mantenimiento es la ______ ______ ______, para posteriormente realizar el ______ ______ ______ y, por último, la ______ ______ ______.

14. ¿Cuál es la disponibilidad de la información si se utilizan sistemas automáticos de telemedida y telecontrol?

a. Las 24 horas.
b. La misma que la jornada laboral.
c. La determinada por la propietaria del edificio y de las instalaciones y equipos.
d. Dependen del sistema de telemedida y telecontrol empleado.

15. ¿Qué método es necesario utilizar para la determinación de tiempos en el mantenimiento preventivo?

____
____
____
____

Capítulo 3

Gestión del mantenimiento de instalaciones asistido por ordenador

Contenido

1. Introducción
2. Bases de datos
3. Generación de históricos
4. *Software* de mantenimiento preventivo, predictivo y correctivo
5. Resumen

1. Introducción

El mantenimiento no es ajeno a la evolución tecnológica presente en la sociedad, por lo que cada vez es más frecuente que el mismo se sirva de herramientas informáticas para conseguir sus objetivos.

La aplicación de la informática al mantenimiento se realiza mediante la Gestión de Mantenimiento de Instalaciones Asistido por Ordenador (GMAO). Con dicho sistema se puede conseguir una aplicación eficiente de las técnicas de mantenimiento sobre las instalaciones en que se aplique.

Los GMAO son un tipo de *software* que integran todas las necesidades administrativas necesarias para gestionar fácilmente la estrategia de mantenimiento. Debido a la gran cantidad de datos que deben manejar, funcionan como una gran base de datos donde se introducen las características de los equipos, las inspecciones que se deben realizar, la periodicidad de las mismas, las averías producidas y otros aspectos que ayudarán a hacer un mantenimiento eficaz y que el funcionamiento de las instalaciones tenga las menores paradas posibles. Además, este software deberá ser compatible con otras aplicaciones de gestión del edificio.

La introducción de un sistema GMAO en las instalaciones de un edificio puede ser una herramienta muy útil a la hora de la realización de los mantenimientos obligatorios, pues entre sus características está la de avisar en caso de inspección periódica.

2. Bases de datos

Las tareas de mantenimiento de equipos e instalaciones de edificios hacen aconsejables la implantación de un Sistema de Gestión del Mantenimiento Asistido por Ordenador (GMAO).

La piedra angular de este sistema son las bases de datos. En ellas se encuentra introducida toda la información necesaria de los equipos o instalaciones. Dichas bases de datos se pueden realizar con diferentes software informáticos, que se combinarán a su vez con los *software* de mantenimiento propiamente dichos.

2.1. Bases de datos de mantenimiento

Aunque las bases de datos son elementos muy adaptables a cada situación, se debe tener claro que en una base de datos orientada hacia el mantenimiento se deben incluir de antemano, normalmente, una serie de parámetros mientras que otros datos se irán introduciendo a medida que se realizan las diversas tareas de mantenimiento de la instalación.

Bases de datos incluidas como referencia

Variarán dependiendo del edificio y de las instalaciones de este, pero suelen estar formadas normalmente por:

- **Base de datos con identificador único de la máquina o instalación y características de la misma:** se deberá identificar con un nombre único a cada instalación del edificio y definir sus características. Por ejemplo, si se tienen dos instalaciones de calefacción y tres de refrigeración, cada una de ellas deberá introducirse en la base de datos como instalación única, a modo de ejemplo: CALEF1, CALEF2, REFRI1, REFRI2, REFRI3.
- **Base de datos con identificador de la parte del equipo sobre la que se realiza mantenimiento:** otra base de datos será aquella en la que se reflejan las partes de la instalación sobre las que periódicamente se realiza un mantenimiento. Esta base de datos irá vinculada a la anterior, ya que por cada instalación se tendrá una serie de partes que se deberán inspeccionar periódicamente. Por ejemplo, los quemadores de una caldera de gasoil.
- **Base de datos con identificador del trabajo a realizar:** los trabajos a realizar sobre cada una de las partes asignadas también serán objeto de otra base de datos. Por ejemplo, en ella se deberá incluir la limpieza del quemador de la caldera de gasoil. Esta base de datos estará vinculada con la parte del equipo sobre la que se realiza mantenimiento.

- **Base de datos con periodicidad de mantenimiento de equipos o partes de los equipos:** en ella se debe incluir el tiempo que debe pasar entre dos operaciones de mantenimiento de un equipo o instalación, o diversas partes de la misma. Se vinculará a la instalación o parte de ella a la que está asociada la periodicidad del mantenimiento.
- **Base de datos con personal autorizado para realización de las tareas de mantenimiento:** en esta base de datos está todo el personal competente y autorizado para realizar las operaciones de mantenimiento en la instalación.

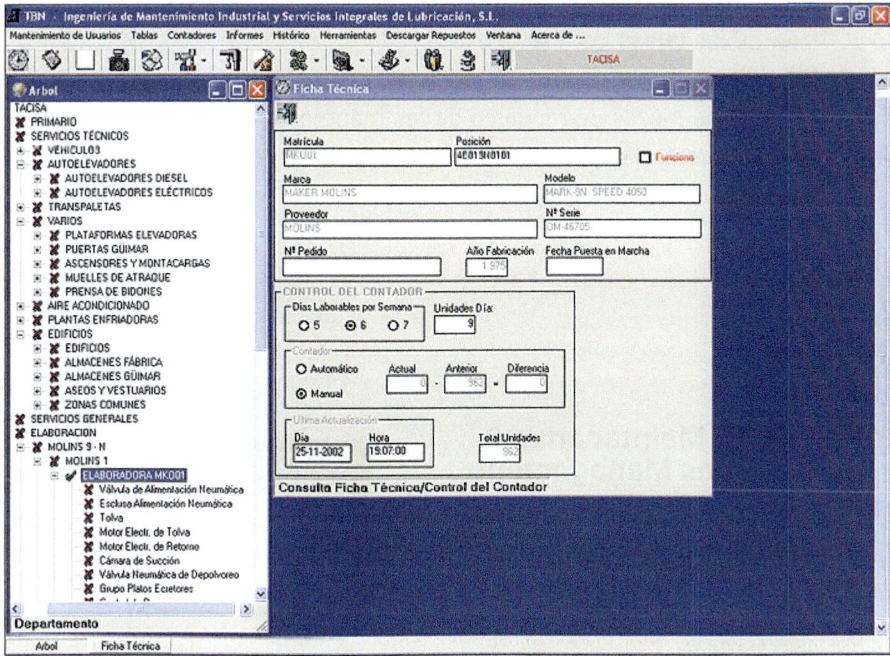

Ejemplo de introducción de datos en un programa específico GMAO. La base de datos que contiene puede variar de un software a otro.

Bases de datos generadas durante las tareas de mantenimiento

Al igual que las anteriores, también serán variables dependiendo del edificio e instalaciones de que se trate. Su diferencia es que la información se introducirá en estas bases de datos una vez que la instalación esté funcionando. Estas suelen estar formadas normalmente por:

- **Base de datos generada a partir de la fecha de realización de trabajos o sustitución de piezas:** en esta base de datos se introduce la fecha en la que se ha realizado algún trabajo de mantenimiento sobre la instalación. Está vinculada con el equipo y con la parte del equipo a la que se le ha realizado el mantenimiento.
- **Base de datos con responsable de realización de los trabajos:** en esta base de datos se deja constancia de la persona responsable que realizó los trabajos de mantenimiento.
- **Base de datos de incidencias detectadas y descripción de los trabajos:** en esta base de datos se hace una descripción de la incidencia que se ha detectado y que es causante del mantenimiento, y se hace un resumen de las tareas llevadas a cabo.
- **Base de datos de control de almacén:** en caso de que se tenga un inventario de piezas de repuesto de las máquinas, en esta base de datos se actualizarán las piezas que se han usado con el objetivo de prever su reposición en caso de agotarse.

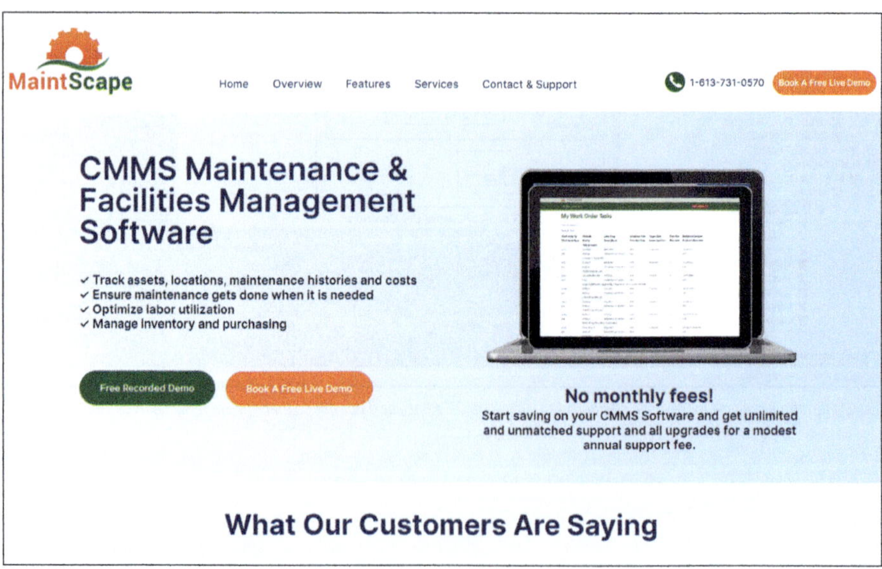

Software de gestión de instalaciones y mantenimiento CMMS

Actividades

1. Reflexionar sobre si es mejor un sistema GMAO cerrado, es decir, que no permita la introducción de más bases de datos, o se debe adaptar a las circunstancias.

El objetivo de las bases de datos es tener una información clara y completa del mantenimiento de cada uno de los equipos. Estas servirán para la generación de informes o históricos, que se tratarán en el apartado siguiente.

3. Generación de históricos

Un histórico es un informe donde aparecen las características que se le piden previamente al *software*. Un ejemplo de informe o histórico puede ser un documento donde aparezcan todas las reparaciones que se ejecutaron en el último año en la caldera eléctrica de un edificio.

Estos documentos son bastante útiles, ya que además de servir como estadística de mantenimiento de los equipos, también ayudan a decidir sobre la conveniencia o no de la sustitución de determinadas partes del equipo, o la sustitución del equipo al completo.

Los históricos que se pueden obtener dependerán de la complejidad y detalle de los datos introducidos en las correspondientes bases de datos. Si en el edificio se registran todas las tareas de mantenimiento con claridad, los históricos pueden ser muy útiles y pueden permitir hacer un uso eficiente de las instalaciones y un ahorro económico importante.

3.1. Ejemplos útiles de históricos de un sistema de GMAO

A continuación se contemplan tres ejemplos útiles de históricos de un sistema de GMAO. Además de estos se podrán encontrar otros muchos, siempre dependiendo de cada instalación y de la base de datos que se encuentre implementada.

Evolución del tiempo de parada de una instalación en un periodo

Un histórico útil es aquel que indica la evolución del tiempo de parada de una instalación a causa de operaciones de mantenimiento. Este histórico informa de la frecuencia de averías que ha tenido una instalación en un determinado periodo de tiempo. Si dicha frecuencia supera unos determinados límites se deberá plantear la sustitución de la máquina. Para que dichos informes sean más fáciles de entender, los *software* de mantenimiento suelen acompañarlos de un gráfico como el que aparece a continuación.

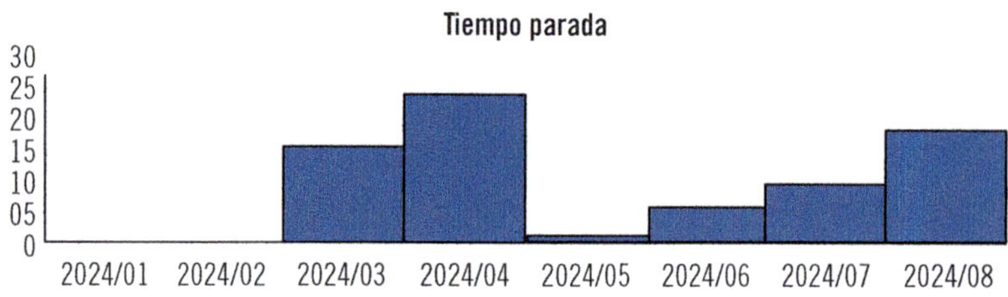

Resumen de las operaciones de realización de mantenimiento preventivo en una instalación

Otro histórico útil es el resumen de las tareas de mantenimiento preventivo realizadas en una instalación. Dicho documento también servirá como justificación ante cualquier inspección externa de las instalaciones. En caso de no tener este documento el resultado podría llegar a ser una sanción económica. A continuación se representa un ejemplo de este histórico.

Resumen de cumplimiento preventivo

	Planificación	Desde fecha	Hasta fecha	N.º tareas	OTs lanzadas	%	OTs realizadas	%
2	Sala máquina refrigeraciones Martínez	02-03-2024	02-03-2024	17	17	100,00	15	88,24
4	Planificación preventiva 23/03/2024	23-03-2024	30-03-2024	337	337	100,00	337	100,00
6	Planificación preventiva 14/06/2024	14-06-2024	30-06-2024	648	648	100,00	648	100,00
7	Preventivo 15 julio 2023	16-07-20124	01-08-2024	696	696	100,00	575	82,61
8	Revisión refrigeraciones Martínez agosto 2024	20-08-2024	20-09-2024	4	4	100,00	0	0,00

Consumos de almacén de repuestos de instalaciones

Otro histórico útil es aquel que facilita la estadística del consumo de repuestos para instalaciones en un determinado periodo de tiempo. Gracias a él se puede planificar la compra de los mismos.

Consumo de almacén

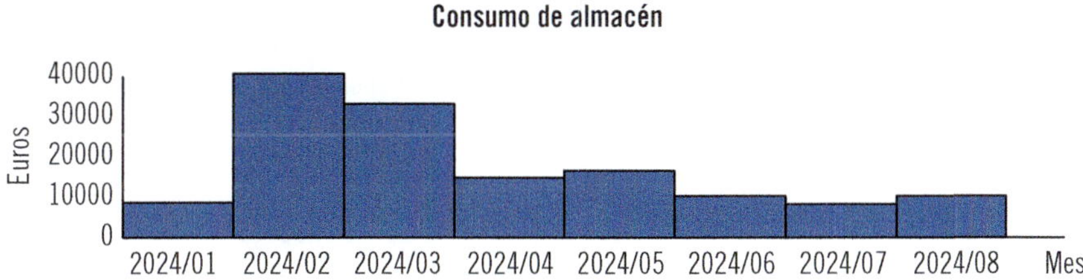

2. Indicar cuál de los históricos presentados anteriormente puede llegar a prever la sustitución inmediata de una instalación o de parte importante de la misma. Justificar la respuesta.

Aplicación práctica

Se le ha pedido la puesta en marcha de un GMAO en las instalaciones de Agua Caliente Sanitaria (ACS) de un edificio de gran magnitud. En principio, el mantenimiento siempre va a ser realizado por una empresa autorizada externa que dispondrá de los materiales y mano de obra necesaria para la realización del mantenimiento, pero la gestión del GMAO se pretende que sea externa a dicha empresa, y realizada por usted.

¿Qué históricos de los presentados le serán útiles?

¿Qué bases de datos le serían fundamentales para tener un GMAO completo?

¿Habría algún histórico que sería útil controlar por parte de la empresa externa?

SOLUCIÓN

De los históricos estudiados interesará conocer el de operaciones de mantenimiento preventivo en la instalación, ya que indica qué operaciones se hicieron en ella, además de servir como justificante. Por otra parte también serviría el histórico de parada de la instalación en el tiempo, ya que podría reflejar un mal funcionamiento de la instalación.

Sería fundamental tener una base de datos que aglutinara todas las características de las instalaciones de ACS con su correspondiente identificador único. Otra base de datos también deberá incluir las partes de la instalación que se deberán inspeccionar, así como las periodicidades de inspección. También serán importantes las bases de datos de fechas de realización de trabajos y descripción de los mismos, así como la base de datos de incidencias detectadas.

El histórico útil para la empresa externa será el de control de almacén, ya que le permitirá saber los consumibles gastados en las reparaciones, los que tiene en stock y los que necesitan o necesitarán. De los otros dos históricos, el que también le es muy útil es el de trabajos realizados en la instalación, ya que puede servir a la empresa mantenedora como guía en futuros trabajos similares.

4. *Software* de mantenimiento preventivo, predictivo y correctivo

Los *software* de gestión de mantenimiento disponibles en el mercado suelen aglutinar las funciones correspondientes al mantenimiento preventivo, predictivo y correctivo.

A continuación se describe el contenido de cada una de las funciones o paquetes relacionados con cada tipo de mantenimiento.

4.1. Funcionalidades aplicadas al mantenimiento preventivo

El **mantenimiento preventivo** es aquel que se realiza de manera programada y planificada. Dependiendo de la parte o instalación donde se realiza varía la periodicidad del mantenimiento. El *software* de mantenimiento en su función de mantenimiento preventivo deberá incluir:

- **Definición de las tareas de mantenimiento a realizar:** se deben definir todas y cada una de las operaciones que se realizan periódicamente sobre las instalaciones.
- **Calendario de realización de inspección o mantenimiento:** el *software* deberá incluir un apartado en el que se introducirán las fechas de las inspecciones previstas. Dicho apartado deberá verificar que los plazos puestos en dicho calendario cumplen con la normativa en caso de que la instalación esté regulada.
- **Imprimir la lista u hoja de trabajo:** otra función es la realización e impresión de la hoja de trabajo que será la que deberá seguir la persona dedicada a la ejecución del mantenimiento de la instalación.
- **Informar de los mantenimientos realizados:** el programa permite acceder a los informes de las inspecciones periódicas realizadas. Asimismo, también permite obtener históricos de mantenimiento por instalación o **parte de la misma.**
- **Control de repuestos:** otra característica del programa es que permite controlar los repuestos que se tienen en función de los repuestos gastados en las distintas inspecciones periódicas. El gasto de dichos repuestos se deberá introducir en el programa y quedará registrado en los informes de mantenimiento de instalaciones realizados.

4.2. Funcionalidades aplicadas al mantenimiento predictivo

El **mantenimiento predictivo** es aquel cuyo objetivo es determinar el estado de la instalación o parte de la instalación para predecir un posible fallo. Esto se aplica realizando una serie de medidas o ensayos en la instalación. El valor anormal de dichas medidas puede ser causa de defecto o fallo en la instalación.

Por tanto, el *software* de mantenimiento también se hace muy útil y necesario para una completa aplicación de este mantenimiento en las instalaciones.

Ejemplo

Un *software* de mantenimiento, en su módulo de mantenimiento predictivo, incluiría un apartado de introducción de mediciones y ensayos realizados. Si se encuentra una instalación en la que intervienen motores eléctricos, en dicho *software* se debería permitir incluir las distintas medidas de temperatura de las partes de los motores. Si en el histórico que proporciona el *software* se ve una evolución creciente de la temperatura de distintas partes de los motores, esto puede indicar que con el tiempo será causa de fallo, y con esta herramienta se está "prediciendo" un fallo, y por tanto, adelantándose a la situación de avería.

Aunque los módulos del *software* de mantenimiento dedicados al mantenimiento predictivo variarán sustancialmente dependiendo de la instalación, de forma común, el módulo de mantenimiento predictivo deberá incluir:

- **Introducción de características a controlar:** el *software* debe permitir introducir qué características de la instalación se deben controlar. Dependiendo de la instalación puede que sea preciso medir características físicas como la temperatura, o en otras instalaciones puede ser preciso medir componentes químicos que puedan ser indicativos de un mal funcionamiento de las mismas.
- **Almacenamiento de las mediciones o ensayos realizados:** en este apartado se introducen los resultados de las mediciones realizadas sobre las partes que se controlan y la fecha de la realización de la inspección.

- **Tratamiento estadístico de las mediciones realizadas:** el *software* deberá permitir obtener informes estadísticos de los resultados de los ensayos. Puede ser interesante ver el valor medio de una variable en un periodo de tiempo o el valor máximo en ese mismo periodo. Esta característica ayudará a tomar la decisión sobre la reposición completa de la instalación o de distintas partes de la misma.
- **Valores de alarma:** el *software* indicará cuándo los ensayos o mediciones realizadas están fuera de lo común, tomando como referencia unos valores previamente almacenados en el *software* de mantenimiento. Además, el *software* deberá valorar el nivel de alarma, que dependerá de la parte o afección de la instalación. En caso de que la medida tenga un nivel muy grave con respecto al común, el programa indicará que se deberá proceder a un mantenimiento inmediato de dicha parte de la instalación.

Introducción de valores de medida de alarma y alerta. Este programa considera alarma como el paso previo a la sustitución o reparación de la parte afectada. En este caso, la modida o características a medir serían las vibraciones de un motor de una bomba.

4.3. Funcionalidades aplicadas al mantenimiento correctivo

El **mantenimiento correctivo** es aquel que no está planificado y que es consecuencia directa de la aparición de una falla en la instalación. El objetivo de un buen sistema de mantenimiento es reducir al máximo las operaciones de mantenimiento correctivo, ya que son las más costosas debido a que provocan paradas inesperadas de la instalación.

El *software* de mantenimiento, en su módulo de mantenimiento correctivo, deberá permitir:

- **Reportar las averías:** las incidencias y averías detectadas en la instalación se deberán introducir en el *software* de gestión de mantenimiento. A la incidencia detectada se deberán añadir la fecha en que se ha dado la misma, la parte o partes de la instalación afectadas, las posibles causas que han podido dar lugar a dicho defecto y la persona responsable de la reparación.
- **Introducción de gasto de reparación:** como complemento de lo anterior, el *software* permitirá introducir los repuestos que han sido necesarios para poner la instalación en marcha, así como el tiempo de parada que ha tenido que sufrir la instalación para que volviera a estar en funcionamiento.
- **Control histórico de reparaciones por instalaciones o partes de la instalación:** el programa reporta el histórico de reparaciones de las instalaciones o de determinadas partes de las mismas. Un elevado número de reparaciones, teniendo en cuenta el gasto que conlleva, puede ser una ayuda eficaz para decidir cambiar la instalación o las partes implicadas en las reparaciones sucesivas.

En caso de que el mantenimiento preventivo y predictivo no pudieran evitar la avería se deberá aplicar el mantenimiento correctivo, pero siempre teniendo en cuenta que lo deberán realizar técnicos especializados.

Aplicación práctica

La instalación de calefacción de una caldera de gasoil de un edificio ha sufrido una importante y costosa reparación. Además de la reparación, se pretende un cambio de mentalidad con la incorporación de un GMAO. Ante esto se encuentra con una serie de documentos relacionados con las labores de mantenimiento.

a. Fecha, operaciones y motivo de reparación por avería de los últimos tres años.
b. Guía de mantenimiento periódico de la caldera.
c. Medidas y ensayos aconsejables a realizar.
d. Valores de funcionamiento anormal.
e. Resumen económico del mantenimiento de la instalación.

¿En qué modulo del *software* de mantenimiento incluiría cada uno de estos aspectos?

SOLUCIÓN

a. Se incluiría dentro del mantenimiento correctivo. Constituiría el reporte de averías de los últimos tres años.
b. Sería la base del módulo de mantenimiento preventivo. Se transmitirá al programa las fechas y operaciones reflejadas en la guía de mantenimiento periódico.
c. Serviría para introducir las medidas y ensayos que se deberían analizar, y por tanto, se incluiría en la parte de mantenimiento predictivo.
d. Serían los valores de alarma que se deberán introducir en el módulo de mantenimiento predictivo.
e. Se deberá, en primer lugar, ver la naturaleza de los gastos en mantenimiento. Se deberán distinguir entre aquellos gastos obligatorios y periódicos, que se reportarán como gastos de mantenimiento preventivo, y aquellos gastos de reparación no planificada, que se introducirán dentro del módulo de mantenimiento correctivo.

4.4. Funcionalidad eficaz de un sistema de Gestión de Mantenimiento Asistido por Ordenador

Aunque no hay duda de la gran utilidad de los GMAO para un buen rendimiento de las instalaciones en los edificios, no basta su introducción sino que hay que aplicarla desde el punto de vista de un mantenimiento eficaz.

Esto quiere decir que si el programa marca unos calendarios de mantenimiento preventivo recomendables u obligatorios, dependiendo del caso en cuestión, los mismos no se deberán superar, y las operaciones de mantenimiento se deberán aplicar tal y como se refleja en el informe u hoja de trabajo.

Si dicho objetivo, a primera vista evidente, se cumple, y a su vez, se combina con un mantenimiento predictivo con unos buenos indicadores y una buena toma de muestras y ensayos, el GMAO permitirá tener una instalación con un funcionamiento eficiente, pocas paradas y un mantenimiento correctivo casi inexistente.

Pero si esas reducidas y no deseables operaciones de mantenimiento correctivo, además, se introducen en un *software* de gestión, ayudarán a que las decisiones de sustitución de instalaciones y partes de las mismas sean tomadas desde el punto de vista de la eficiencia energética y económica.

3. Señalar en qué caso un mantenimiento predictivo puede dar lugar a un mantenimiento correctivo. Describir cómo lo indicaría el *software* de GMAO.

5. Resumen

Una instalación en la que se apliquen en su justa medida y conforme a la legalidad las tres técnicas de mantenimiento no puede nunca ser ajena a un sistema de GMAO.

Dicho sistema siempre va a ser de gran ayuda. Al ser una gran base de datos de todas las instalaciones servirá para saber en cualquier momento cualquier característica requerida de la instalación.

Su facilidad para proporcionar estadísticas e históricos de funcionamiento aporta ideas claras acerca del funcionamiento viable de la instalación y de sus distintas partes.

En cuanto a mantenimiento preventivo cabe decir que es una gran herramienta, ya que marca unívocamente las fechas del mismo y proporciona una hoja de ruta que guiará a la persona responsable de realizarlo.

Clara, también, es su colaboración a las tareas de mantenimiento predictivo, ya que hace un tratamiento estadístico de las medidas o ensayos realizados y proporciona diferentes alarmas en función de los valores obtenidos.

Aunque, por nadie deseable, para el mantenimiento correctivo el GMAO también es de gran utilidad, ya que sirve como almacén histórico de todas las operaciones realizadas en la instalación y gracias a ello se puede ver la evolución de las averías y si es rentable una sustitución de la instalación o parte de la misma.

Ejercicios de repaso y autoevaluación

1. **¿Cuál es la piedra angular de los Sistemas de Gestión de Mantenimiento Asistido por Ordenador?**

   ____

   ____

2. **Complete el siguiente texto.**

   El objetivo de las bases de datos es tener una ______ clara y completa del mantenimiento de cada uno de los equipos. Las mismas servirán para la generación de ______ ______ ______.

3. **¿Qué es un histórico?**

   ____

   ____

   ____

   ____

4. **Nombre las funcionalidades que deber tener un software GMAO en su módulo de mantenimiento preventivo.**

   ____

   ____

   ____

   ____

5. **¿Cómo se aplica el mantenimiento predictivo en una instalación?**

   ____

   ____

   ____

   ____

6. Indique de las siguientes afirmaciones cuál es verdadera o falsa.

a. El mantenimiento correctivo está planificado.

☐ Verdadero
☐ Falso

b. El *software* de mantenimiento predictivo puede dar como resultado una alarma en la instalación.

☐ Verdadero
☐ Falso

c. Los periodos de mantenimiento preventivo pueden estar regidos por normativa.

☐ Verdadero
☐ Falso

7. ¿Qué tipo de mantenimiento es preciso evitar al máximo ya que es el más costoso?

____
____
____
____

8. ¿Qué puede indicar que un histórico de evaluación del tiempo de parada de una instalación en un periodo determinado muestre excesivos tiempos de parada a causa de operaciones de mantenimiento?

____
____
____
____

9. ¿Cuál es la función de la base de datos de control de almacén?

____
____
____
____

10. Elija la respuesta correcta.

a. El mantenimiento predictivo se caracteriza por su periodicidad.
b. El mantenimiento correctivo se produce a raíz de una avería.
c. El mantenimiento preventivo no se ayuda de ningún software GMAO.
d. El sistema de GMAO no es útil para la instalación.

11. ¿Qué apartado de las funcionalidades de mantenimiento preventivo permite introducir las fechas en que se realiza el mantenimiento?

____
____
____
____

12. Complete el siguiente texto.

El mantenimiento _______ es aquel cuyo objetivo es determinar el estado de la instalación o parte de la instalación para predecir un posible fallo. El software deberá permitir obtener _______ _______ de los resultados de los ensayos.

13. Señale la respuesta correcta.

a. La funcionalidad del módulo de mantenimiento predictivo estriba en el reporte de averías.
b. El mantenimiento preventivo se caracteriza por su periodicidad.
c. El mantenimiento correctivo, al ser espontáneo, puede ser aplicado por cualquier persona.
d. No tiene sentido introducir el gasto de la reparación en un sistema de GMAO.

14. ¿A quién le servirá la lista u hoja de trabajo?

15. ¿Qué apartado del software dedicado al mantenimiento predictivo permite introducir aquellos valores de una medición u ensayo fuera de lo común?

Capítulo 4

Informes de mejora de eficiencia energética

Contenido

1. Introducción
2. Técnicas de comunicación escrita
3. Técnicas de redacción y presentación
4. Informes técnicos
5. Memorias justificativas
6. Mediciones y valoraciones. Presupuestos
7. Aplicaciones ofimáticas para la elaboración de informes
8. Resumen

1. Introducción

El elevado consumo energético que supone tener condiciones de confort en los hogares, sumado a la dependencia energética exterior por parte del Estado (que se ve obligado a comprar parte de dicha energía a otros países), provocan unos altos precios unitarios que se traducen en elevados costes mensuales en facturas energéticas para las familias. Esto, por si no fuera poco, además repercute muy negativamente en el medio ambiente.

Por ello mismo, es importante impulsar el ahorro energético en hogares con medidas de todo tipo, pero todas encaminadas hacia una mayor eficiencia energética que disminuya el consumo y ahorre costes tanto a ciudadanos como al Estado.

Los informes de mejora de la eficiencia energética son una herramienta ideal para detectar problemas en las viviendas y en los equipos energéticos. Pero además, también dan indicaciones de soluciones y medidas a tomar para mejorar el rendimiento energético de cara al futuro en los edificios.

Por ello este capítulo detalla en qué consisten estos informes, enumerando su contenido, objetivos y ámbitos de aplicación, entre otros muchos aspectos.

2. Técnicas de comunicación escrita

La comunicación escrita es un modo de interacción entre emisor y receptor claramente diferenciado del resto de opciones de comunicación posibles. En primer término, no sucede en un lugar y momento concretos, como ocurre con la comunicación oral, sino que puede presentarse en multitud de situaciones y repetirse un número indefinido de ocasiones. Además precisa de un medio físico donde manifestarse, ya sea formato clásico (papel o similares) o formato digital (ordenador, ebook, etc.), mientras que la comunicación oral solo requiere de condiciones acústicas adecuadas.

Vinculadas a la comunicación escrita están las reglas ortográficas y semánticas, que son aquellas que regulan la adecuada escritura, puntuación y el contenido del mensaje a difundir. Su importancia es decisiva. La razón es que, al no haber comunicación verbal, el receptor deberá regirse por los recursos escritos para enfocar correctamente la exposición del emisor.

Las características de la comunicación escrita son:

- Uso de letras, signos de puntuación y acentuación para construir la información o texto. De lo contrario podría haber una interpretación incorrecta del mensaje.
- Es una comunicación diferida y perenne, permanente.
- Es de carácter elaborado y coherente.
- La interacción emisor-receptor es exclusivamente unilateral.
- Los textos escritos se conciben como un conjunto de palabras, las cuales encierran un significado concreto.
- Se puede usar como fuente de consulta.

Son muchos los distintos tipos de comunicaciones escritas que existen a la hora de enfocar un mensaje desde un punto de vista técnico, pero en este capítulo se tratarán los que se usan para mostrar la información concerniente a la mejora de la eficiencia energética de las instalaciones en los edificios:

- **Informe técnico:** documento escrito cuyo objetivo es aportar datos o exponer conclusiones de una situación. El entorno o el ámbito desde el que haya sido concebido es de lo más variado, pudiendo ser comercial, técnico, artístico, científico, etc.
- **Memoria justificativa:** la memoria justificativa es el documento que describe las características actuales de la instalación y pueden exponer, asimismo, los detalles de una posible modificación.

Un aspecto muy importante en este tipo de comunicaciones es evitar hacer valoraciones subjetivas ajenas a las evidencias técnicas. Todo redactor tiene sus preferencias pero debe ser profesional y no dejar que influencien su trabajo. Si se van a aportar valoraciones deben ser objetivas al máximo y a ser posible amparadas por datos y referencias. Lo que se diga debe simplemente trascribir en texto lo que evidencian los datos numéricos.

La correcta elaboración de un informe técnico o una memoria justificativa sigue una serie de pautas o normas generales que deben conocerse para su adecuada ejecución. Cada cual puede y debe poner su toque personal, pero se debe seguir un rigor estructural, técnico y gramático dada la seriedad e importancia que conlleva su contenido.

Para hacer los valores y datos numéricos más comprensibles, una herramienta formidable son las tablas y gráficas, pero siempre sin abusar. Cualquiera de ambas opciones deberá ser analizada y desarrollada en texto para facilitar su correcta interpretación.

Para hacer más dinámico el cuerpo del informe, si las tablas o gráficos son excesivos o de importancia secundaria, deberán incluirse en los anexos.

Respecto de los datos que se muestren en tablas y gráficos, estos pueden proceder de elaboración propia rigurosa o de fuentes de contrastada fiabilidad, ya que de surgir incoherencias o errores la fiabilidad del autor estaría en entredicho.

Así pues, los informes deben evitar ambigüedades, y si es posible hablar cuantitativamente, deberá hacerse en detrimento de hacerlo cualitativamente. Un número es siempre más exacto que una apreciación.

Por último, en este apartado hay que insistir en la relevancia de un estilo personal, formal y elaborado. La gramática y la ortografía, además, son elementos fundamentales que pueden reforzar o echar por tierra la credibilidad del autor aunque el contenido del documento sea brillante. Por tanto, un buen narrador o escritor cuenta con puntos de ventaja, mientras que un técnico eficiente con dificultades de comunicación escrita deberá poner un plus de esfuerzo en este aspecto, o recurrir a un especialista en este campo que mejore sus puntos débiles en estilo y ortografía, que no en el mensaje a transmitir.

Actividades

1. Responder si sería apropiado el uso de un lenguaje coloquial o la utilización continua de abreviaturas en la redacción de informes técnicos dirigidos a personas no profesionales.

3. Técnicas de redacción y presentación

Si bien la comunicación escrita, tal y como se ha visto, resulta de gran importancia a la hora de elaborar un informe técnico o una memoria justificativa, es exactamente igual de importante la estructuración del documento de forma armonizada y coherente para que el lector siga de manera comprensible el desarrollo de la exposición. Además, una redacción cuidada hace la lectura más dinámica y asimilable, por eso se deberán seguir ciertos patrones formales para dotar a estos documentos del necesario rigor y seriedad. Si a todo lo anterior se le suma una presentación con buen gusto, atractiva y meditada se estarán ganando muchos puntos a la hora de obtener un documento de calidad y atractivo de leer.

A continuación se va a profundizar en los aspectos que precisan un mayor detalle, comenzando por el tema de la redacción, y diferenciando cuando sea preciso entre informes técnicos y memorias justificativas por ser parte principal del desarrollo de este capítulo.

3.1. Técnicas de redacción. Estructura

Tanto para informes como memorias, los párrafos deben tener una extensión moderada y equilibrada, ni demasiado breve ni muy extensa.

Como orientación, alrededor de una decena de oraciones es lo idóneo. Además, cada párrafo tiene que tener independencia en cuanto al contenido, diferenciándose parcialmente del anterior y del posterior.

Los párrafos a su vez se dividen en oraciones, que por fluidez y elegancia deben ser cortas. Por ello, se deben evitar excesivas oraciones subordinadas, que empleen nexos del tipo que, pero, ni, etc. que las hacen más largas y densas.

Es muy común, especialmente en informes técnicos de gran extensión, el acompañarlos de lo que se conoce como **informe ejecutivo,** de alrededor de una o dos páginas, que vaya en la portada o primeras páginas del informe original, al que luego sucede el índice de este. En el informe ejecutivo solo aparecerán ideas generales debidamente argumentadas, citándose en qué parte del informe principal se desarrollarán.

Dada la importancia de la presentación en la elaboración de estos documentos se recomienda fervientemente seleccionar fuentes sobrias y funcionales, siendo las más recomendables Times New Roman, Arial o Verdana. Aquí cobra importancia el concepto de serifa.

Diferenciación entre letras con y sin serifa

ABCD abcd	ABCD abcd
Georgia Fuente serif (con serifa)	Helvetica Fuente sans serif (sin serifa)

Definición

Serifa

Palabra de origen francés que se emplea para definir el remate que llevan algunas letras, es decir, al acabado de sus extremos.

La importancia radica en que las fuentes con serifas, como la Times New Roman, son más apropiadas para la impresión en soporte papel, mientras que las que no las llevan son más apropiadas para la presentación o lectura en pantalla. Tampoco deben cambiarse las fuentes en estos documentos, siendo recomendable el uso como máximo de solo dos fuentes distintas.

Sobre el color de la fuente del documento deben elegirse siempre colores oscuros, y preferentemente negro. Los colores claros deben evitarse siempre, siendo solo admisibles en algún enunciado o encabezamiento. Debe minimizarse el uso de negritas y cursivas a exclusivamente las palabras clave, ya que su uso evita el efecto enfatizador pretendido.

Respecto al estilo habrá de buscarse siempre precisión y rigor, con lectura dinámica y objetividad máxima, así como el uso de la tercera persona.

Aunque los estilos empleados en la redacción tanto de informes técnicos como de memorias justificativas sean similares, es en el apartado concerniente a la estructuración y presentación donde se mostrarán mayores diferencias, habida cuenta de la diferente finalidad con que se redacta cada uno de estos documentos.

En primer lugar es fundamental una correcta estructuración global del documento, ya que la adecuada elección y ordenación de los distintos apartados que componen un escrito facilita su comprensión y ameniza su lectura. Por supuesto, la estructuración será diferente para memorias justificativas e informes técnicos.

En el **caso de informes técnicos,** si bien el esquema no es totalmente rígido, sí sigue un patrón más o menos general, constando de cuatro bloques:

- **Parte inicial.** La parte inicial del informe técnico se compone de varios subapartados, incluyendo generalmente, por este orden: cubierta y portada, resumen, índice, glosario de abreviaturas y términos, y en ocasiones, un prefacio (nota o detalle de presentación para aportar algún dato del estudio).
- **Cuerpo del informe.** El cuerpo del informe contará con las siguientes partes: introducción, núcleo del informe, conclusiones y recomedaciones, agradecimientos (de querer ponerse) y fuentes o bibliografía consultada. Siendo este el orden en el que aparecen.

- **Información anexa.** Los anexos no siempre son necesarios, pero de serlo irían tras el cuerpo del informe. El material que contienen no se incluye dentro del cuerpo del informe porque su excesivo tamaño complicaría y densificaría la lectura del mismo, o bien porque su contenido puede solo ser importante para ciertos lectores y ser irrelevante para otros. Formarían parte de los anexos:

  - Cálculos, imágenes o tablas adicionales.
  - Esquemas, croquis y planos.
  - Reportes de aplicaciones informáticas empleadas.
  - Valoraciones económicas.

- **Parte final.** La parte final del informe técnico contendrá las hojas de datos del informe (referencias bibliográficas normalizadas) y un listado de los receptores a los que va dirigido el informe, aunque esto es opcional. Finalmente iría la cubierta posterior del documento.

Respecto a la estructuración en **memorias justificativas,** al igual que sucede con los informes, no existe una norma predeterminada que refleje la estructura básica que debe tener, y aunque presentan algún punto en común con ellos, gozan de diferencias significativas. Por lo general se componen por este orden de:

- Una parte inicial compuesta de una cubierta a la que seguiría el índice de contenidos.
- El siguiente bloque lo compondrían los datos generales, que incluiría los siguientes puntos: empresa o persona que solicita el encargo, autor de la memoria justificativa, objeto de la memoria justificativa y localización de la obra (la cual sirve de introducción).
- En un tercer bloque se realiza la descripción general del proyecto, es decir, se entraría propiamente en contenidos. Es el contenido principal de la memoria, la cual proporciona los detalles preceptivos. Consiste principalmente en aportar los datos primordiales de la actuación que permiten argumentar el trabajo realizado.
- A lo anterior seguirán los anexos con la información correspondiente a cálculos, imágenes, tablas, esquemas, planos y los reportes de aplicaciones informáticas empleadas.
- La contracubierta cerraría por fin la memoria.

Además de la estructuración formal sugerida será necesaria, en función del tipo de informe o memoria, una serie de subapartados para facilitar la búsqueda de la información y evitar documentos caóticos.

Aún así, el abuso de subapartados puede producir un efecto negativo, por lo que se recomienda en este aspecto un máximo de dos niveles.

3.2. Presentación

Sobre la presentación en informes técnicos y memorias justificativas es necesario destacar la importancia de la numeración de las hojas. Si se incluyen ecuaciones matemáticas deben numerarse y escribirse en líneas independientes. Gráficos y tablas deben numerarse también y llevar un texto explicativo junto a ellos, siendo en gráficos de interés adjuntar leyendas anexas. Además deberán, de existir, concretarse las escalas empleadas para la interpolación de medidas. Se deben escribir a una sola cara y respetarse los márgenes.

Nota

Tanto en la presentación de la memoria, como en la de informes, la cubierta es un punto importante para el éxito.

Por último, respecto a la **presentación física** del documento en soporte papel, lo más común para informes y memorias es encuadernarlos. Si la cantidad de páginas excede las veinte, se debe encuadernar utilizando tapas ligeras y un sistema de unión de las páginas que permita abrir estas en toda su extensión. Si el documento es muy extenso se optará por la encuadernación con tapa dura. Hay otras opciones que según el fin del documento y su extensión pueden resultar interesantes, como la encuadernación en espiral, que resulta más económica, o en plástico flexible. En la cubierta y portada la información debe aparecer de forma clara, identificativa, e informativa, puesto que es la imagen exterior de presentación y de identificación del documento. Excepto cuando la portada sustituya a la primera página de la cubierta, no es imprescindible que dicha portada ocupe una página entera. Se puede colocar como cabecera previa al resumen en la misma página.

Aplicación práctica

Se muestran las primeras líneas de la parte introductoria de un informe técnico sobre eficiencia energética en la localidad de Martos:

"Con el presente documento, tenemos por objeto, tanto presentar los resultados obtenidos del diagnóstico energético del edificio situado en la localidad de Martos, como presentar propuestas de mejora de la eficiencia energética de dichas instalaciones. El presente documento contiene un análisis pormenorizado de los consumos, en especial el consumo eléctrico, tanto por ser el más importante en cuanto a su coste se refiere, como porque es en el que se han encontrado mayores posibilidades de ahorro".

¿Le parecen unas líneas adecuadas para un informe técnico? ¿Detecta errores de comunicación y redacción? Descríbalos.

SOLUCIÓN (Propuesta)

No existe una única forma de redactar un informe técnico, cada cual puede darle su estilo y toque personal. Pero como se ha dicho, hay ciertas reglas que deben respetarse y algunas aquí no se han hecho. Ha de evitarse hablar en primera persona, además, se repiten expresiones como "el presente documento" que dan sensación de pobreza léxica. En su lugar podría haberse empleado un "A continuación se detallará..." por poner un ejemplo.

La ortografía es adecuada y el contenido no es suficiente para emitir valoraciones. Sobre el formato quizás fuera más adecuado haber dividido la información en 2 párrafos para hacerlo más apetecible de leer, y las frases son algo extensas, pero aceptables.

2. Elaborar un esquema a modo de resumen con todos aquellos aspectos que deben tenerse en cuenta a la hora de redactar y presentar un informe.
3. Explicar por qué es tan importante la numeración de ecuaciones, gráficos y tablas.

4. Informes técnicos

Un informe técnico es un documento escrito en lenguaje profesional o técnico que examina y analiza una disciplina cuya temática puede ser de lo más variado: explicación de un proceso, un análisis económico, energético, etc. Los informes normalmente son encargados por un organismo, comunidad o particular a un técnico sobre un aspecto concreto sobre el que se realiza un estudio y se emite una valoración objetiva, con la obtención final de conclusiones y la selección de ciertas medidas recomendables a tomar para mejorar la situación actual o futura.

Las características que lo definen son su alta y cuidada estructuración y organización, su carácter técnico, objetivo y preciso, y su capacidad de sintetizar en lo posible una información muy extensa. Además debe hacer fácilmente comprensible un tema o situación relativamente compleja.

También es imprescindible que cualquier informe técnico aporte datos e información más que suficiente para que un lector cualificado en esa disciplina pueda juzgar y hacer propuestas constructivas a sus sugerencias o recomendaciones.

Respecto al receptor al que va dirigido, en el informe técnico es muy importante conocer su ámbito de trabajo y formación, ya que no puede enfocarse igual un informe sobre los rendimientos de una planta fotovoltaica dirigido a un organismo oficial, que un informe sobre el estado de la calefacción a una comunidad de vecinos.

Por ello el informe debe adaptarse a las necesidades del receptor, cuyo perfil habrá de tenerse en cuenta desde el primer momento. Si se trata de informes técnicos dirigidos a un receptor cualificado en el campo objeto del informe se debe emplear un lenguaje esencialmente técnico, conciso y sin ambigüedades. Sin embargo, si el receptor no conociera estos aspectos, el lenguaje habría de adaptarse en lo posible a su comprensión, sin incurrir en ningún momento en imprecisiones.

Ejemplo

Se han analizado las prestaciones que ofrecen diversos equipos informáticos con vistas a su compra para agilizar la gestión del mantenimiento de una instalación. Los modelos propuestos son: XT96H8, ST320A y WD800. Los resultados han sido los siguientes:

- RUIDO: la mayoría tienen un nivel de ruido muy bajo, casi imperceptible, a excepción del WD800, el cual hace ruido perceptible, sin ser molesto ni alarmante, al momento de la lectura de datos.
- VELOCIDAD DE TRANSFERENCIA DE DATOS: los modelos ST320A y XT96H8 trabajan a una velocidad de giro de 5.400 r.p.m. y la WD800 trabaja a 7.200 r.p.m. Como a mayor velocidad de giro, hay mayor velocidad de transferencia, el modelo de 7.200 r.p.m. trabaja a una mayor velocidad (30 Mb) tanto en lectura como en escritura.
- RECOMENDACIÓN: según las pruebas realizadas la mejor opción para la optimización de los discos duros desde el punto de vista energético y económico es la máquina WD800.

A la hora de realizar un informe técnico se siguen como norma general una serie de pasos. Lo primero es señalar el problema a estudiar e identificar las posibles causas. Después se selecciona un abanico de soluciones para las cuales se propone una serie de actuaciones. Por último se hace una estimación económica del coste de dichas actuaciones.

Si un informe debe exponerse ante sus destinatarios puede ser de utilidad el empleo de recursos que faciliten su compresión, como las presentaciones informáticas. Esta herramienta goza de más calado día a día.

Como se ha dicho, los informes son la consecuencia de una necesidad, siempre de carácter concreto y en el que ha de evitarse la subjetividad. Se diferencian del proyecto en que el informe trabaja sobre algo que ya existe previamente a su redacción.

4.1. Clasificación

Los **informes técnicos** pueden clasificarse en subtipos atendiendo a sus peculiaridades. De entre los distintos tipos existentes destacan los siguientes:

- **Expedientes:** son informes de carácter administrativo y el objetivo es obtener una ayuda económica, imponer una sanción, o recibir una licencia, autorización o permiso.
- **Inspecciones:** documentos en los cuales se detalla por parte de un técnico todo lo que rodea a un tema objeto de inspección.
- **Arbitrajes:** surgen en torno a un tema objeto de polémica. El arbitraje dicta una opinión objetiva y razonada respecto dicho asunto.
- **Ensayos y análisis:** se trata de informes técnicos relacionados con temas relativos a las ciencias: sondeos del terreno, pruebas de resistencia de materiales, rendimientos de equipos energéticos, etc.
- **Peritación y dictamen:** se emiten valoraciones y conclusiones de todo tipo por parte de un técnico experto en dicho campo en función de sus amplios conocimientos. Enormemente empleados en el campo de la justicia, pero también plenamente aplicables a la eficiencia energética de edificios para el diagnóstico de problemas al respecto.

Nota

Los informes de mejora de eficiencia energética son informes técnicos que se adaptan plenamente a su definición, pues en ellos se describe el resultado de un análisis energético de forma objetiva y se proponen medidas para mejorar la situación actual.

Actividades

4. Indicar a qué tipo de informe técnico se recurriría si se pretendiera detallar una infracción e imponer una multa económica.

5. Memorias justificativas

La memoria justificativa es un documento escrito con carácter burocrático y/o técnico de un proceso, que se realiza cada cierto tiempo. Se caracteriza por su carácter conciso y concreto, más acentuados dichos rasgos que en los informes técnicos. Suelen ir generalmente dirigidas a un receptor conocedor del campo de estudio.

La memoria justificativa puede elaborarse como respuesta a distintas necesidades:

1. Como parte de un proyecto técnico.
2. Como requerimiento por parte de la propiedad que va a realizar una obra de mejora de las instalaciones, con o sin que medie proyecto o trámite administrativo, con objeto de analizar el estado actual, evaluar una posible modificación de la misma y, finalmente, relacionar los pormenores de dichas modificaciones.
3. Como complemento a algún trámite administrativo como la obtención de una licencia o subvención para alguna obra nueva o de reforma.

Tal y como se estudió anteriormente, en la memoria justificativa el grueso de la información se reflejará en la descripción general del proyecto donde se efectuará una división en capítulos ordenados convenientemente. Estos se dividirán a su vez en apartados e incluso subapartados. La parte final del cuerpo serán las conclusiones, que deben ser más que solo un resumen de todo, ya que deben recordar las pautas seguidas, las hipótesis aplicadas y los resultados obtenidos.

6. Mediciones y valoraciones. Presupuestos

El **presupuesto** se encarga de estimar el coste parcial y total de las actuaciones a realizar, incluyendo el de mano de obra necesaria y el de los equipos o piezas a adquirir para mejorar la eficiencia energética. Es la valoración del coste de todas y cada una de las obras y acciones comprendidas en un proyecto. Desglosa las distintas unidades presentes por precio unitario (es decir, el coste directo de cada unidad de obra, incluyendo el material, transporte y puesta en obra), unidades totales necesarias para cada partida (si son volúmenes se denominan cubicaciones) y mediante el producto de ambos factores obtiene el coste total.

La confección de un presupuesto, en base a los datos de que se dispone en el informe o memoria a que acompañe, consiste en contabilizar todos los costes que de una u otra manera inciden en la construcción, transformación o fabricación de un elemento, obra o instalación que se pretenda mejorar. Los presupuestos se componen de varias partes principales:

- **Las mediciones:** corresponden a la cuantificación de los elementos diferentes que constituyen la obra.
- **Los precios:** representan los importes establecidos para cada uno de los elementos que constituyen la obra.
- **La valoración:** corresponde a la parte central del presupuesto que relaciona los precios y las mediciones, dando como resultado una valoración del conjunto de la obra.

Nota

No hay que valorar solo criterios económicos, también técnicos, medioambientales y sociales porque el objetivo principal es la mejora de la eficiencia energética de la instalación que conllevará una reducción de costes una vez puestos en funcionamiento los cambios efectuados.

Las **mediciones** son un elemento de gran importancia en un informe técnico, pues de ellas se derivarán todas las conclusiones con sus respectivas valoraciones y las medidas pertinentes a aplicar. Son el acto por el que se miden las dimensiones de las diversas unidades de obra. Afectarán al presupuesto final, por lo que van ligadas a este.

Para verlo con un ejemplo, en un informe técnico sobre eficiencia energética se ha determinado la necesidad de sustituir un tramo de tuberías que habían sufrido corrosión en una instalación de calefacción, por lo que se será necesario medir el número de metros lineales de tubería precisos para elaborar el presupuesto final. Un error en dicha medición afectaría al presupuesto final estimado y podría disuadir de realizar dicha inversión.

La correcta medición de los elementos necesarios permitirá ser más preciso en la estimación del presupuesto final y así elegir la alternativa óptima económicamente.

Las mediciones por sí solas no son suficientes para calcular un presupuesto. También hay que conocer los importes correspondientes a los diferentes componentes unitarios en los que se pueden dividir las obras. Con estos importes se realizan los cuadros de precios. En ellos se refleja por un lado la descripción completa y el importe que corresponde a la realización de las distintas unidades de obra.

El edificio se dividirá en subsistemas independientes a la hora de efectuarse el presupuesto, pudiendo trabajarse con ellos de manera independiente. La multiplicación de las unidades medidas por su precio unitario da la valoración o presupuesto parcial, obteniéndose el importe de cada partida.

Por ello mismo, una vez detallados y presupuestados todos los costes presentes en cada subsistema del edificio, se calculará su presupuesto final como suma de los costes de cada partida individualmente, entiéndase por partidas al conjunto de unidades de obra y líneas de medición asociadas. Se pueden incluir todos los capítulos que sean necesarios para una mejor compresión y realización de la obra. También se puede subdividir si es necesario cada capítulo en subcapítulos hasta un nivel aconsejable de no más de cuatro subniveles.

Por último, sumando los costes finales de cada subsistema incluidas medidas obligatorias y recomendables, se obtendrá el presupuesto total del plan a adoptar desglosado por años. La suma de todos los años dará el coste total.

Si las medidas a realizar se dividen en el tiempo sería más correcto decir que se establece un calendario presupuestario de actuaciones. En este caso las partidas presupuestarias se dividen por años y los precios futuros son solo de referencia o estimativos, y se suelen calcular multiplicando al precio actual el valor del IPC estimado para ese año.

Actividades

5. Explicar por qué se dice que presupuesto y mediciones están íntimamente ligados.

Un concepto muy importante es la **viabilidad** económica de las mejoras a llevar a cabo en materia de eficiencia energética. Se entiende que unas medidas son viables económicamente cuando el coste que implica su implantación es inferior al ahorro económico consecuencia de la disminución en gasto energético de combustible. Esto hará las medidas atractivas para el consumidor o propietario del inmueble, de ahí la importancia de un presupuesto exacto y realista.

7. Aplicaciones ofimáticas para la elaboración de informes

La elaboración de un informe técnico, en este caso de mejora de eficiencia energética, precisa ser realizado en soporte informático para su posterior impresión o divulgación por internet. El *software* necesario para su redacción no es en absoluto completo ni generalmente específico. Ya se ha visto que el informe es un documento sencillo en su composición aunque exigente en su contenido. Por tanto, teóricamente, cualquier **procesador de textos** resultará apto para su realización. Por ello mismo se cita el de mayor repercusión mundial y dominado en mayor o menor medida por la inmensa mayoría de la población, *Microsoft Word,* como una herramienta apta para su realización.

Por supuesto existen otros procesadores de textos en el mercado óptimos para elaborar informes, como por ejemplo, el también muy conocido *LibreOffice.Org Writer.* Este y la mayoría de los procesadores actuales incluyen herramientas muy útiles para los informes como son correctores ortográficos y diccionarios. No se particulariza mucho más en este tema porque el resto de detalles son de sobra conocidos, solo indicar que cada procesador de texto tiene sus plantillas predefinidas para elaborar todo tipo de informes de acceso generalmente gratuito para el usuario. La idea es ofrecer un esquema general que seguir en su estructura y presentación, pudiendo el autor centrarse más plenamente en el desarrollo de los contenidos.

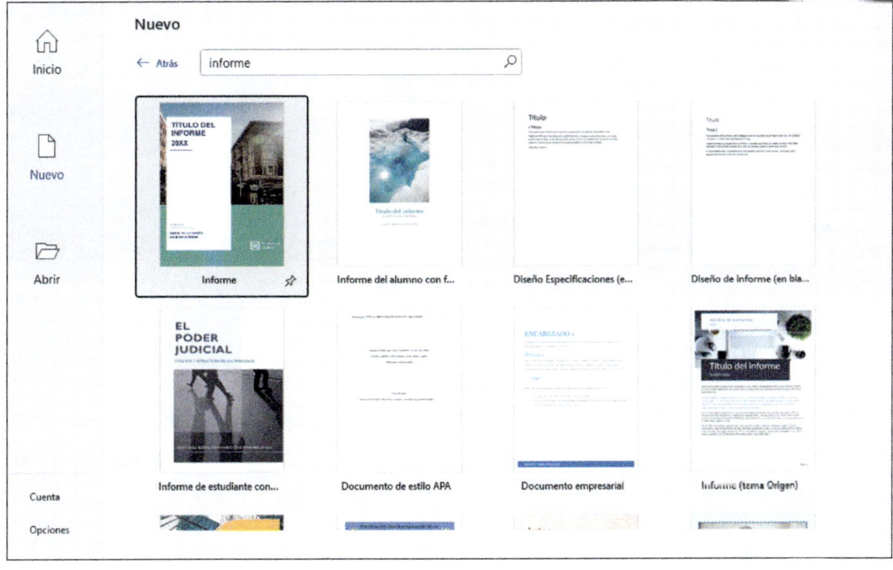

Procesador de textos Word incluido en la suite Office 365

Pero no solo existen textos en un informe. Las tablas y cálculos numéricos se realizan en las conocidas como **hojas de cálculo.** Estas son una herramienta ideal para tareas financieras y cálculos científicos, y la más conocida es *Microsoft Excel. LibreOffice* también contiene una aplicación similar llamada *Calc.* Con estas herramientas podrán agruparse todos los datos experimentales de forma ordenada y hacer los cálculos pertinentes con ellos automáticamente. Además, la aplicación permite hacer rápidamente gráficos de todo tipo con los datos obtenidos, facilitando el proceso.

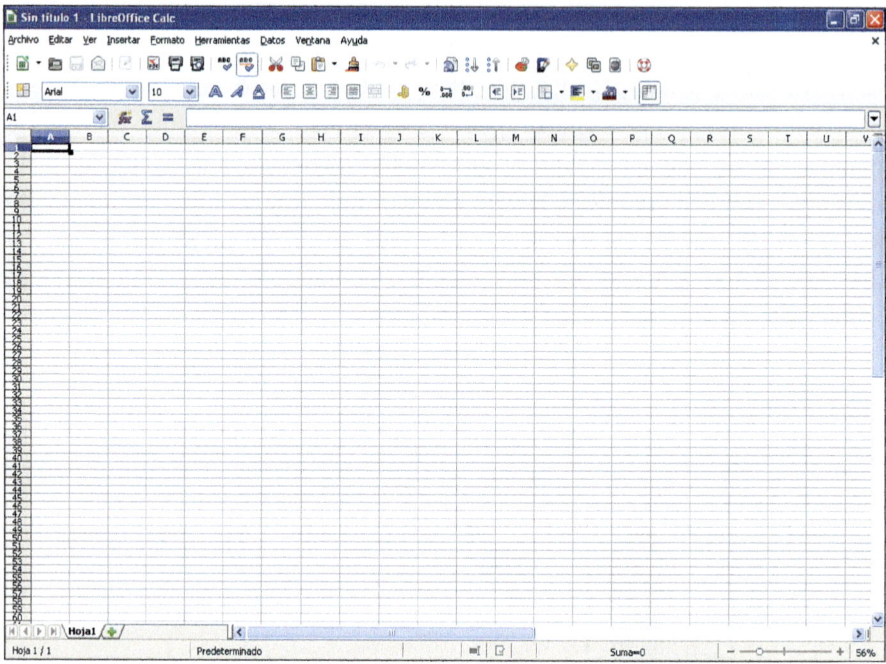

LibreOffice Calc

Existe la posibilidad de que *Microsoft Word* y *Microsoft Excel* formen parte de la suite *Office 365* de Microsoft. Esta permite a los usuarios trabajar en los documentos de forma online y de manera colaborativa.

Además de las herramientas antes descritas, *Google* cuenta con las herramientas *Google Documentos* (procesador de textos) y *Google Hojas* (Hoja de Cálculo) que permiten la creación y modificación de documentos online y el trabajo colaborativo. Para acceder de forma gratuita a las funciones básicas de las herramientas anteriores descritas, bastaría con tener activa una cuenta de correo electrónico de *Google*.

Las citadas son herramientas de uso general, pero conforme se profundice en el ámbito técnico se irá llegando a programas más específicos.

Un programa ideal para el campo de la eficiencia energética y de los presupuestos de obra en general es **Presto.** No solo realiza presupuestos, sino que también se usa para registrar mediciones, plazos, calidad y demás anotaciones relacionadas con edificación e ingeniería civil. Generalmente requiere de la realización de un curso de formación. Con esta herramienta se facilita enormemente todo lo relativo a mediciones y presupuestos en informes de mejora de eficiencia energética.

Además, otro programa de referencia en el campo de la ingeniería imprescindible para informes y proyectos es ***Microsoft Project.*** Este *software* planifica en el tiempo las medidas a tomar o su ejecución en obra ayudando a analizar las fases y visualizar de forma más clara los procesos. Aunque es más útil para proyectos, también es aplicable para ciertos informes técnicos, y ver así, por ejemplo, el plazo y pasos necesarios para cambiar una caldera en mal estado por otra más eficiente.

Por último, decir que existen ciertos programas especializados exclusivamente en la mecanización y presentación de informes. Básicamente, lo que hacen es incluir una herramienta muy técnica para diseñar informes cuyo contenido pueda tomarse de herramientas generales de edición de textos o editarse en dicho programa, generando el informe en el formato deseado y listo, de desearse, para su impresión. Hay varios en el mercado, pero se citará como ejemplo *Home Inspector Pro.* Es un *software* diseñado para *Windows, MacOs, iPhone, iPad* y *Android* que permite crear los informes asociados a las inspecciones domésticas de manera sencilla. Estos informes se cargan online de forma rápida y pueden ser recibidos por los clientes. Por otro lado el programa permite crear diferentes plantillas para las diferentes tareas a realizar, pudiendo en estas agregar vídeos, glosarios, gráficos y otros elementos multimedia.

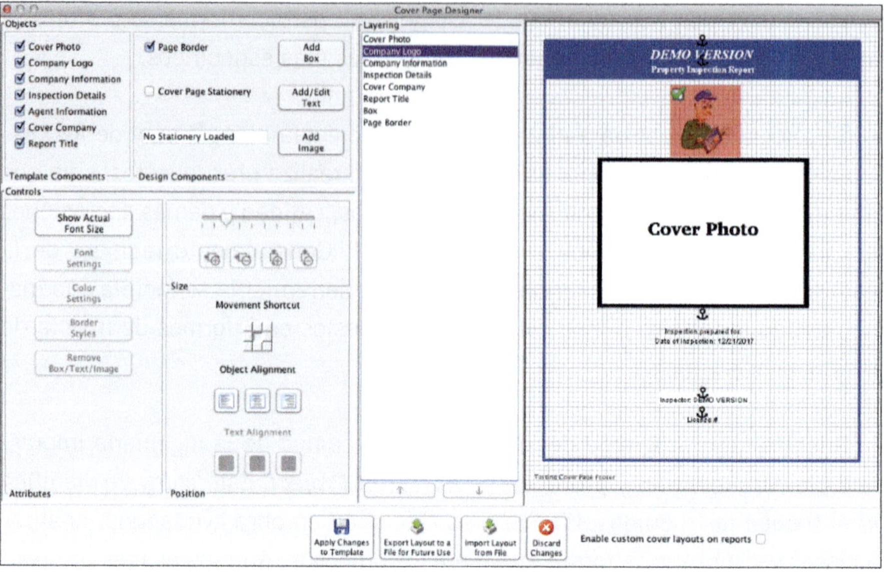

Home Inspector Pro

Actividades

6. Buscar información sobre *software* específico para realizar informes técnicos en internet explicando en qué consiste.

Aplicación práctica

Una empresa privada ha realizado un estudio en un edificio madrileño a fin de establecer una serie de medidas para mejorar su eficiencia energética. Se ha aconsejado la realización de varias acciones a emprender pero hay una última acción necesaria para la que se dan dos alternativas igualmente válidas y que requerirán el mismo tiempo para instaurarse, por lo que será el presupuesto de su ejecución quien dicte la más idónea. Para ello se dan sus mediciones y precios unitarios (se supone IVA incluido).

Continúa en página siguiente >>

<< Viene de página anterior

En ambas se instalarán tuberías de cobre de 22 mm de diámetro (coste metro lineal 13 €). En la alternativa A, 3 trabajadores precisarán 30 horas de obras, y en la B, serán 4 los que trabajen 30 horas (salario por trabajador de 10 euros la hora). Sin embargo, la alternativa A requerirá 25 metros lineales de tubería y la B solo 20. Por último, en "otros gastos" (reposición de azulejos, piezas gastadas, etc.) la alternativa A precisará invertir 900 € y la B 750 €. Haga cálculos y decida qué presupuesto es más interesante.

SOLUCIÓN

Como las dos alternativas son exactamente igual de satisfactorias y requerirán el mismo tiempo de instalación y trabajo, la óptima será la más barata. Se tienen mediciones y costes unitarios, por lo que se puede hallar el presupuesto de cada una.

- Opción A:
  - Presupuesto tuberías = 25 m lineales x 13 €/m lineal = 325 €.
  - Mano obra = 10 €/hora x 3 trabajo x 30 horas = 900 €.
  - Otros gastos = 900 €.
  - Presupuesto total alternativa A = 2.125 €.
- Opción B:
  - Presupuesto tuberías = 20 m lineales x 13 €/m lineal = 260 €.
  - Mano obra = 10 €/hora x 4 trabajo x 30 horas = 1.200 €.
  - Otros gastos = 750 €.
  - Presupuesto total alternativa B = 2.210 €.

El presupuesto de la alternativa A es ligeramente inferior por lo que se tomará esta alternativa como la idónea.

8. Resumen

Elaborar un informe técnico o una memoria técnica es un proceso metódico que debe conocerse previamente a su realización. Sigue unas ciertas pautas sin las cuales carecería de rigor. Y es que tan importante es un contenido objetivo, elaborado y contrastado como unos recursos estilísticos y una organización metódica y trabajada, pues de lo contrario no se tendría un formato atractivo para el lector.

Por esto ha de respetarse siempre un estilo técnico pero que no conlleve a un lenguaje demasiado elitista que establezca una distancia entre autor y receptor, sino que ha de apostarse por la elocuencia y la claridad a la hora de exponer ideas en la medida de lo posible.

Los informes deben ser concisos, por eso no debe olvidarse que todo lo que dificulte la continuidad en la lectura debe quitarse del cuerpo del informe. Si aún así resulta de interés, puede añadirse a modo de anexo al final del informe, incluyendo ahí las tablas y otros datos de refuerzo de la información solo para que sea analizado por quien realmente esté interesado en ello.

Las memorias justificativas también deben incluir toda la información necesaria para describir las instalaciones, la conveniencia de realizar cambios o mejoras en ellas, etc.

Por último, es importante conocer las distintas herramientas ofimáticas que oferta el mercado y su grado de utilidad y dificultad, a fin de seleccionar las óptimas y obtener del informe a realizar una presentación sobria, bien estructurada y de calidad.

Ejercicios de repaso y autoevaluación

1. De las siguientes frases, indique cuál es verdadera o falsa.

a. El informe es un documento que busca emitir valoraciones técnicas.

- ☐ Verdadero
- ☐ Falso

b. El informe puede ser oral o escrito.

- ☐ Verdadero
- ☐ Falso

c. Los informes pueden referirse a temas científicos.

- ☐ Verdadero
- ☐ Falso

d. Un informe es un proyecto breve.

- ☐ Verdadero
- ☐ Falso

2. Complete la siguiente oración.

Tanto para ____________ como memorias, los ____________ deben tener una extensión ____________ y equilibrada, ni demasiado breve ni muy extensa. Como orientación, alrededor de una ____________ de oraciones es lo idóneo.

3. ¿Qué es una memoria justificativa?

____

____

____

____

4. ¿Cuál de estas habilidades no es necesaria para redactar un informe?

a. Buena ortografía.
b. Notable dicción y oratoria.
c. Elaborada gramática.
d. Riqueza en vocabulario.

5. ¿Qué es una serifa?

____
____
____
____

6. ¿Hay alguna regla acerca del color de fuente y el uso de negritas en informes?

____
____
____
____

7. ¿En qué tipo de informe técnico se emiten valoraciones y conclusiones de todo tipo por parte de un técnico experto en dicho campo?

a. Expediente.
b. Inspección.
c. Ensayo y análisis.
d. Peritación y dictamen.

8. De las siguientes frases, indique cuál es verdadera o falsa.

a. Los arbitrajes son informes de carácter administrativo.

☐ Verdadero
☐ Falso

b. Los expedientes son informes de carácter administrativo.

- ☐ Verdadero
- ☐ Falso

c. Las peritaciones están muy ligadas a asuntos jurídicos.

- ☐ Verdadero
- ☐ Falso

d. Las inspecciones solo se aplican al campo científico.

- ☐ Verdadero
- ☐ Falso

9. Complete la siguiente oración.

Un informe ____________ es un documento ____________ en lenguaje técnico que examina una disciplina cuya ____________ puede ser ____________: explicación de un proceso, un análisis económico, energético, etc.

10. ¿Para qué sirve un presupuesto?

____
____
____
____

11. ¿Qué ha de multiplicarse por los precios unitarios para obtener el presupuesto total de cada partida?

a. IVA.
b. Las mediciones correspondientes a cada partida.
c. El error absoluto.
d. Los metros lineales.

12. ¿Para qué se usan las hojas de cálculo en informes técnicos, tales como las que incorpora Microsoft Excel?

____

____

____

____

13. Complete la siguiente oración.

La ____________ justificativa es un documento ____________ con carácter ____________ y/o técnico de un proceso, que se realiza cada cierto tiempo. Se caracteriza por su carácter conciso y ____________.

14. ¿Cuál de los siguientes no es un bloque específico de la estructura típica de una memoria justificativa?

a. Parte inicial.
b. Datos generales.
c. Cubierta.
d. Descripción general del proyecto.

15. ¿Qué se entiende por precio unitario?

____

____

____

____

Capítulo 5

Prevención de riesgos y seguridad

Contenido

1. Introducción

Los trabajos de mantenimiento de instalaciones implican una elevada profesionalidad por parte del trabajador, y siempre debe ir acompañada por las medidas de prevención de riesgos y seguridad adecuadas para cada operación.

De manera previa a la realización de los trabajos se hace necesario un conocimiento de los posibles riesgos que se pueden producir y la importancia de los mismos, para así aplicar correctamente las medidas de prevención que ayudan a reducir el riesgo y hacer de la actividad de mantenimiento un trabajo seguro.

Los elementos de protección durante los trabajos pueden ser individuales o colectivos, y se hace necesaria su existencia durante la realización de la actividad para reducir los riesgos que lleva asociada.

Pero, a veces, por una serie de razones se pueden producir accidentes, y en estos casos es preciso conocer el protocolo de actuación para salvar vidas.

2. Tipos de riesgos en cuanto a la operación

Las operaciones de mantenimiento de instalaciones como cualquier otro trabajo tienen una serie de riesgos asociados. Es preciso conocer e identificar estos riesgos para intentar evitarlos mediante las medidas preventivas correspondientes.

A continuación, se exponen una serie de riesgos según la operación a la que se refieren.

2.1. Riesgos procedentes del transporte, desplazamiento, manipulación e izado de cargas

Los riesgos asociados a estas operaciones van a depender de si estas se hacen de manera manual o usando la fuerza humana, o si las mismas se realizan mediante medios mecánicos como grúas. A continuación se exponen los riesgos asociados a las operaciones manuales y mecánicas.

Riesgos asociados al transporte, desplazamiento, manipulación e izado manual de cargas

Las operaciones de transporte, desplazamiento, manipulación e izado manual de cargas son tareas muy frecuentes en los trabajos de mantenimiento de instalaciones.

Dichas operaciones se traducen de manera frecuente en fatiga física o en lesiones. Estas lesiones pueden producirse de repente, por una manipulación inadecuada puntual, o por la acumulación de pequeñas lesiones que aparentemente no tienen importancia, pero que con el paso del tiempo ocasionan serios problemas.

Los riesgos más frecuentes asociados a estas actividades son:

- **Contusiones.** Pueden estar provocadas por golpes con otras zonas de trabajo durante las operaciones manuales o por la caída de la carga en alguna zona del cuerpo. También se pueden producir por caídas al mismo o distinto nivel.
- **Cortes y quemaduras.** Se originan por la manipulación de cargas que tienen filos cortantes, o por manipulación de cargas que se encuentran a alta temperatura.
- **Lesiones musculoesqueléticas.** Son lesiones asociadas a los músculos o huesos. Pueden producirse en cualquier lugar del cuerpo, pero las zonas más sensibles ante este riesgo son la parte superior del cuerpo y la espalda.

Sabía que...

Según los Datos de España de la Encuesta europea de condiciones de trabajo 2021, el 17,3 % de los trabajadores admiten llevar o mover cargas pesadas siempre o casi siempre durante su jornada laboral. Como consecuencia de ello pueden sufrir molestias en la zona lumbar.

2.2. Riesgos asociados a los trabajos en altura y verticales

Los trabajos en altura y verticales son muy necesarios en el mantenimiento de instalaciones. Muchos de los aparatos sobre los que realizar el mantenimiento se encuentran en lugares donde es necesario trabajar en altura o verticalmente para acceder a ellos.

Los riesgos que estos trabajos tienen asociados son:

- **Caídas de personas a distinto nivel.** Se pueden provocar caídas al vacío. Estas caídas se pueden dar desde alturas considerables de edificios, andamios, máquinas, etc. También se deben tener en cuenta las caídas que se puedan producir en posibles excavaciones o zanjas en tierra.
- **Caídas de objetos o herramientas.** Es un riesgo importante que los objetos o herramientas caigan desde niveles superiores, ya que es un peligro para las personas que están abajo.
- **Golpes y cortes.** Este riesgo es provocado por realizarse los trabajos en altura y verticales con espacio reducido, haciendo que la manipulación de las herramientas, a veces, no sea adecuada.
- **Contactos eléctricos.** Provocados por la cercanía a las instalaciones o cableados eléctricos.
- **Fatiga y lesiones.** Se producen por adoptar posturas no adecuadas para el cuerpo.

Actividades

1. Indicar qué precauciones se deberán tener en cuenta a la hora de realizar los trabajos en altura próximos a cableados eléctricos.

2.3. Riesgos asociados al transporte, desplazamiento, manipulación e izado mecánico de cargas

Hay ocasiones en que el peso de las cargas o el lugar donde se deben transportar hacen necesario el uso de elementos mecánicos como son las grúas u otras maquinarias mecánicas de elevación.

Dichos trabajos tienen los siguientes riesgos asociados:

- **Caída de materiales.** Al izarse los objetos a cierta altura se produce el riesgo de caída, provocando daños muy importantes al trabajador.
- **Golpes, atropellos y caídas a mismo y distinto nivel.** El uso de maquinaria de gran tonelaje (como las grúas) para los trabajos de izado y manipulación de cargas, hace que exista riesgo por la interacción entre el trabajador a pie y la maquinaria, pudiendo dar lugar a golpes, atropellos y lesiones de gran importancia para el trabajador.
- **Contactos eléctricos.** Dado que las máquinas tienen partes metálicas, las mismas pueden provocar contactos eléctricos si no se encuentran correctamente aisladas. Además, es importante también el riesgo eléctrico si hay una posible interacción entre la maquinaria y los cables aéreos.
- **Caída del operador de la maquinaria mecánica de elevación.**

Actividades

2. Responder si se deberán proteger los trabajadores que se encuentran bajo la carga cuando se están izando cargas a gran altura. Señalar qué tipo de protección deben usar.

2.4. Riesgos eléctricos (tensiones elevadas, defectos de aislamiento)

La mayoría de las instalaciones que se encuentran en los edificios tienen funcionamiento eléctrico, convirtiéndose los riesgos eléctricos en un elemento común a la mayoría de las instalaciones. Por esto, dichos riesgos son un importante objeto de estudio en la prevención de riesgos laborales.

Los principales riesgos eléctricos son:

- **Contacto eléctrico directo.** Se produce cuando el cuerpo humano entra en contacto con las partes eléctricamente activas de la instalación y la corriente pasa directamente por él. La tensión eléctrica elevada hace que este riesgo cobre importancia, ya que a mayor tensión, la intensidad de corriente que recorre el cuerpo crecerá. Aunque cabe destacar que no es la tensión lo peligroso, sino la corriente que circule dependiendo de la resistencia a la que se aplique. El contacto eléctrico directo puede provocar la muerte por fibrilación ventricular, embolias por efecto electrolítico en sangre, quemaduras internas y quemaduras externas.
- **Contacto eléctrico indirecto.** Son aquellos contactos eléctricos que se producen cuando la persona entra en contacto con elementos que, aunque teóricamente no se encuentran en tensión, lo están accidentalmente por defecto de aislamiento. Este contacto ocurre en las partes metálicas de las instalaciones por las que, aunque no circula normalmente la corriente eléctrica, se produce una circulación en las mismas por un defecto de aislamiento con respecto a las partes activas del circuito eléctrico de la instalación.
- **Arco eléctrico.** Se produce cuando hay paso de corriente por una cercanía elevada entre conductores sin que haya contacto físico entre ellos. Aunque en este caso no hay circulación de corriente por el cuerpo humano, sí puede tener unos efectos graves sobre él. Entre ellos destacan las quemaduras, las lesiones oftalmológicas como conjuntivitis y cegueras, incendios, explosiones, etc.
- **Riesgos en los trabajos sin tensión.** Son aquellos que se producen durante los trabajos en la instalación eléctrica sin tensión y asociados al ambiente y herramientas del trabajo. Entre ellos se encuentran cortes, golpes, heridas, pinchazos, etc.

2.5. Riesgos químicos (acumuladores electroquímicos, presencia de ácido, gases inflamables)

Aunque no tan frecuentes como los riesgos eléctricos, el mantenimiento de las instalaciones también tiene unos riesgos químicos asociados. Entre ellos se citan:

- **Riesgos provenientes de la manipulación y reparación de acumuladores electroquímicos.** Los acumuladores o baterías son elementos comunes en las instalaciones cuya reparación o mantenimiento es necesario para su correcto funcionamiento. En la composición de los acumuladores aparecen compuestos y elementos químicos nocivos cuyo efecto es perjudicial para el cuerpo humano. Con la manipulación y reparación de los elementos pueden producirse inhalaciones de determinados gases, efectos perjudiciales para la piel y riesgos de explosión o incendios.
- **Riesgos asociados a los ácidos presentes en las instalaciones o relacionados al mantenimiento de los mismos.** Estos ácidos pueden provocar quemaduras e irritaciones en la piel, irritación ocular o inhalación por la vía respiratoria o contacto del ácido con heridas.
- **Riesgos asociados a los aerosoles.** Estos riesgos se relacionan con la presencia e inhalación de partículas sólidas y líquidas. Se asocian, por ejemplo, al pintado mediante aerosoles que se usan en el mantenimiento de algunas instalaciones.

2.6. Riesgos asociados al manejo de herramientas

El uso de herramientas manuales es fundamental en la realización de cualquier operación de mantenimiento de la instalación.

Los **riesgos** más importantes asociados al manejo de herramientas durante los trabajos de mantenimiento son:

- Golpes y lesiones en las manos causados al perder la sujeción de la herramienta o por desviación accidental de la misma.
- Cortes procedentes de herramientas con filos vivos como destornilladores, cinceles, etc.

- Atrapamientos accidentales por el uso de herramientas como llaves, alicates, etc.
- Proyecciones procedentes del corte con sierras eléctricas que pueden provocar lesiones oculares o dermatológicas.

A continuación se exponen a modo de ejemplo tres herramientas manuales con el riesgo correspondiente:

- **Martillo:** presenta riesgo de golpes en manos. En caso de trabajo con martillo en altura su caída también es un riesgo de golpeo si hay gente trabajando debajo.
- **Destornilladores:** su punta afilada puede provocar cortes. En caso de trabajos en altura también es un riesgo de golpeo y lesiones para las personas que estén trabajando debajo.
- **Sierras y otras herramientas manuales eléctricas:** tienen un elevado riesgo de corte. A ello hay que añadir el riesgo eléctrico por su funcionamiento, y el riesgo de proyecciones de material que pueden tener desagradables efectos oculares.

Aparte de las herramientas, para el mantenimiento de las instalaciones de los edificios también se suele hacer uso de máquinas y equipos. Pueden ser considerados como un conjunto de órganos unidos entre sí, uno de los cuales ha de ser móvil, accionado por una energía o fuerza distinta de la humana.

Nota

El proveedor que comercializa las máquinas y equipos está obligado a proporcionar la declaración de conformidad CE, un manual de instrucciones en español y una placa identificativa con marcado CE que garantiza los requisitos de seguridad de la Unión Europea.

Las máquinas y equipos deben ser evaluados para ver qué medidas preventivas deben tomarse para su correcto uso y funcionamiento. En su diseño, en el análisis de seguridad, o en la elaboración de normas e instrucciones se deben tener en cuenta todos los peligros que presentan.

Otros riesgos

La utilización de máquinas y equipos provocan la aparición de una serie de **riesgos:**

- **Mecánicos:** atrapamiento, aplastamiento, enganches, proyecciones, etc. que pueden darse por razones relacionadas con el entorno de la máquina como resbalones, caídas y pérdidas de equilibrio. Entre las medidas preventivas a tomar se pueden citar la necesidad de que posean resguardos, sistema de parada de emergencia, etc.
- **Eléctricos:** pueden ocasionar lesiones, la muerte por choque eléctrico o quemaduras causadas por tocar las partes activas de la máquina/equipo, o por tocar una parte metálica puesta en tensión accidentalmente. Por eso deben poseer magnetotérmicos (cortan la corriente si hay sobrecarga) y diferenciales (cortan la corriente si hay contacto indirecto).
- **Térmicos:** por el contacto con una parte de la máquina/equipo que esté a muy alta temperatura o porque se produzca un incendio o explosión. Por ello hay que tener en cuenta el estado correcto de la máquina/equipo, no acercarse a las zonas calientes, retirarse y apagar la máquina/equipo cuando se perciba un funcionamiento anómalo, etc.
- **Ergonómicos:** una de las causas de este riesgo es la postura incorrecta del operario cuando hace uso de un equipo/máquina, por lo que para solucionar este riesgo hay que adoptar una postura correcta y no forzada. Otra causa puede ser el mal diseño ergonómico de la propia máquina/equipo, obligando al trabajador a realizar movimientos o posturas forzadas. Por ello hay que buscar aquellas máquinas/equipos con un diseño ergonómico adecuado. Además, habrá que tomarse los descansos necesarios, aunque sea mediante la rotación de operarios para realizar la tarea.
- **Físicos:** causados entre otras razones por el ruido, las vibraciones y las radiaciones. Las vibraciones pueden llegar a dar problemas osteomusculares o vasculares, mientras que el ruido puede producir sordera, lesión de oído, o simplemente efectos molestos para el trabajador que pueden

dificultar la concentración o la comunicación. Entre las medidas que se pueden tomar están aislar la máquina, utilizar EPI, etc.

Actividades

3. Señalar qué riesgos se asocian al siguiente trabajo que aparece en la foto:

Aplicación práctica

Se va a realizar el mantenimiento de una instalación de calefacción que se encuentra adherida a la fachada de un edificio de 20 metros de altura. Se propone en la primera fase del estudio del mantenimiento dos opciones para realizarlo:

a. Realizar el mantenimiento con una plataforma elevadora en la que se alojará a la persona. Mediante una grúa se izarán las piezas pesadas que se deben reponer y las piezas pequeñas y herramientas las manipulará la persona manualmente.
b. Montar un andamio provisional a la altura de la instalación. Las herramientas se subirán en un elevador adherido al edificio, y la manipulación se reduciría prácticamente al uso de herramientas manuales.

Continúa en página siguiente >>

<< Viene de página anterior

Si se tiene en cuenta que la mejor opción es la que presenta riesgos menos importantes, ¿por cuál se decantaría? Justifíquelo.

SOLUCIÓN

Los trabajos de mantenimiento son muy similares, ya que en ambos se tiene el riesgo de caída en altura, en andamio o en elevadora, y en cada caso se deberán usar las medidas de prevención adecuadas. Pero en el primer caso hay un riesgo mayor. Dicho riesgo es la existencia de grúa, y por tanto, la existencia de carga por encima de la cabeza, lo que da lugar a caída de objetos. Por tanto la opción que se debería elegir es la b).

3. Otros tipos de riesgo

Existen otros tipos de riesgo que, aunque menos frecuentes, también se asocian a las operaciones de mantenimiento de instalaciones.

3.1. Riesgos climatológicos

Los riesgos climatológicos se asocian a las condiciones ambientales en las que se realiza el trabajo. Dado que la mayoría de las instalaciones se encuentran en el exterior del edifico se deben tener en cuenta dichos riesgos. Entre ellos se pueden destacar:

- **Riesgos asociados a la lluvia.** La lluvia se traduce en trabajo en lugar húmedo. Si no se tiene precaución, las condiciones húmedas en el trabajo pueden dar lugar a caídas a distinto y mismo nivel y mayor vulnerabilidad a riesgo eléctrico.
- **Riesgos asociados a tormentas eléctricas.** Durante los trabajos en el exterior de los edificios las tormentas eléctricas provocan un riesgo eléctrico importante, que se puede traducir incluso en la muerte por electrocución, caídas, incendios, explosiones, etc.
- **Riesgos asociados por la exposición a altas temperaturas.** En algunas épocas del año las temperaturas elevadas hacen que las condiciones

de trabajo sean difíciles y aumente la fatiga del trabajador. Dicha fatiga puede provocar caídas, golpes e incluso desmayos por exceso de esfuerzo a altas temperaturas.

- **Riesgos asociados por la exposición a bajas temperaturas.** Los trabajos a bajas temperaturas también provocan condiciones de trabajo no deseables. La congelación de superficies de trabajo incrementa los riesgos de caídas a mismo y distinto nivel.
- **Riesgos asociados a exposición al viento.** Con viento elevado los riesgos se incrementan. Los riesgos de caída a distinto nivel aumentan en caso de estar trabajando en altura. En caso de estar trabajando con maquinaria pesada como grúas, los riesgos asociados al viento también se incrementan, ya que las piezas que tienen suspendidas pueden moverse incontroladamente pudiendo provocar golpes, caídas e incluso vuelcos de la grúa.

3.2. Riesgos sonoros

Los trabajos de mantenimiento de instalaciones en algunas ocasiones hacen preciso el uso de máquinas o herramientas que provocan sonidos que pueden llegar a ser perjudiciales para la salud. Entre dichos riesgos se pueden destacar:

- Lesiones o rotura del tímpano, que puede desencadenar sordera.
- Trastornos del sueño, metabolismo y digestión.
- Aumento de tensión muscular, fatiga física y aumento de la presión sanguínea.
- Golpes y cortes al no distinguir los sonidos de alarma y señales de maquinaria por estar expuestos a otros ruidos.

3.3. Riesgos asociados a la iluminación

Las condiciones de iluminación en el ambiente de trabajo provocan una serie de riesgos asociados si no son adecuadas. Entre ellos se destacan:

- Si la iluminación no es adecuada se pueden producir dolores de cabeza, pérdida de visión, mareos, deslumbramientos, etc.

- Caídas al mismo y distinto nivel por pérdida de visibilidad debido a la insuficiente iluminación.

Aplicación práctica

Se pretenden realizar las labores de mantenimiento de la instalación de refrigeración de un edificio. Los datos de los trabajos son los siguientes:

- **La instalación se encuentra en la terraza de un edificio de 5 plantas en una de las esquinas, y vuela una parte de la instalación a reparar hacia el exterior.**
- **Se van a realizar la reposición de unos cableados que están dañados por las inclemencias meteorológicas.**
- **Se prevén 35 °C de temperatura durante la realización de los trabajos.**
- **Se va a reponer una pieza cuyo peso es de 30 kilos y que por su volumen, difícilmente se podrá subir de manera manual.**
- **Se emplearán herramientas manuales para acceder a las partes a reparar.**

¿Qué riesgos identificaría con los trabajos de mantenimiento que se van a realizar?

SOLUCIÓN

Riesgos asociados a los trabajos en altura. Caída a distinto nivel.

Riesgos climatológicos. Al haber alta temperatura en las operaciones de mantenimiento se dan riesgos tales como caídas, mareos, fatiga, etc. procedentes del efecto del calor en el cuerpo.

Riesgo eléctrico. La instalación es eléctrica y tendrá partes metálicas, por tanto se está expuesto a riesgo eléctrico de contacto directo e indirecto.

Riesgo por izado de cargas con elementos mecánicos. Al ser la pieza muy pesada y no tener acceso por el interior del edificio, la misma se deberá izar con grúa y se tendrá el riesgo de caída de objetos y de golpes con la grúa.

Riesgos procedentes de la manipulación de herramientas. Habrá que usar destornilladores, martillos, elementos cortantes, etc. Dichas herramientas pueden provocar cortes, contusiones, etc.

4. Delimitación y señalización de áreas de trabajo que conllevan riesgos laborales

Resulta tan importante en la práctica a la hora de desarrollar tareas de mantenimiento trabajar con los equipos, herramientas y en las condiciones de seguridad adecuadas, como una rigurosa delimitación del perímetro de seguridad y una señalización de la zona acorde a la normativa vigente y recomendaciones de guías técnicas específicas.

En materia de señalización de áreas de trabajo la Ley de Prevención de Riesgos Laborales solicita al Instituto Nacional de Seguridad e Higiene en el Trabajo (INSHT) las tareas de informar y concienciar tanto en el tema de señalización como en todos los ámbitos de la prevención de riesgos laborales en general.

A esto ha de añadirse que la disposición final primera del Real Decreto 485/1997, sobre medidas mínimas en el ámbito de la señalización de seguridad y salud en el trabajo, encarga al INSHT el redactar, realizar y actualizar una guía técnica no vinculante sobre este tema. Dicha guía es el documento básico a seguir en el tema de señalización de seguridad, y se hablará en adelante siguiendo sus directrices y resumiendo su contenido.

Definición

Señalización de seguridad y salud en el trabajo
Son aquellas indicaciones que implican una obligación o simplemente informan sobre una actividad, objeto o situación determinada.

La señalización puede tener lugar no solo mediante paneles, sino también puede ser representada por una señal acústica o luminosa, una zona coloreada o incluso indicaciones verbales o gestuales.

Las señales en forma de panel, a su vez, pueden subdividirse en varios grupos:

- **Advertencia:** informa sobre un peligro. Suelen ser triangulares sobre un fondo amarillo y el tema en cuestión estar dibujado.

Ejemplo de señales de advertencia

Materias inflamables

Materias explosivas

Materias tóxicas

Materias corrosivas

Materias radiactivas

Cargas suspendidas

Vehículos de manutención

Riesgo eléctrico

Peligro en general

Radiaciones láser

Materias comburentes

Radiaciones no ionizantes

Campos magnéticos intensos

Riesgo de tropezar

Caída a distinto nivel

Riesgo biológico

Baja temperatura

Materias nocivas o irritantes

- **Prohibición:** prohíbe cierto comportamiento el cual conlleva un riesgo inherente.

Ejemplos de señales de prohibición

Prohibido fumar

Prohibido fumar y encender fuego

Prohibido pasar a los peatones

Prohibido apagar con agua

Entrada prohibida a personas no autorizadas

Agua no potable

Prohibido a los vehículos de manutención

No tocar

- **Obligación:** exige actuar de un modo determinado en una zona concreta.

Ejemplo de señales de obligación

Protección de la vista

Protección de la cabeza

Protección del oído

Protección vías respiratorias

Protección del pie

Protección de las manos

Protección del cuerpo

Protección de la cara

Protección contra caídas

Vía obligatoria para peatones

Obligación general (acompañada, si procede, de una señal adicional)

- **Lucha contra incendios:** aquellas que informan principalmente sobre la ubicación de equipos de extinción de incendios.

Ejemplo de señales de lucha contra incendios

Manguera para incendios

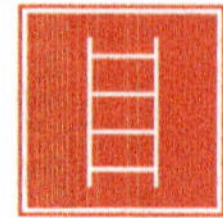
Escalera de mano

Extintor

Teléfono para la lucha contra incendios

Dirección que debe seguirse (señal indicativa adicional a las anteriores)

- **Salvamento y socorro:** aportan informaciones que detallan o explican todo lo concerniente a protocolos de seguridad y actuaciones en caso de emergencia.

Ejemplo de señales de salvamento y socorro

Salidas de socorro (situar sobre la salida)

Teléfono de salvamento

Direccionamiento de las siguientes:

Primeros auxilios

Camilla

Ducha de seguridad

Lavado de ojos

Cualquiera de los tipos de señalización anteriores deberá emplearse cuando el estudio de los riesgos presentes, de las medidas preventivas a emprender, más las situaciones de emergencia factibles, sugieran el tener que:

- Advertir a trabajadores de ciertos riesgos, obligaciones o prohibiciones.
- Ayudar al personal a identificar y localizar las instalaciones y equipos de evacuación, protección, primeros auxilios, etc.

- Facilitar a los trabajadores determinadas tareas complejas o peligrosas.
- Avisar e informar de situaciones de emergencia.

Por supuesto, la señalización no implica eliminar o reducir las medidas destinadas a la protección colectiva de los trabajadores ni a la formación de estos en materia de seguridad, que seguirán siendo imprescindibles. De hecho, la señalización habrá de emplearse cuando estas no hayan sido capaces de minimizar los riesgos todo lo deseable.

Además, ha de señalizarse lo estrictamente importante y necesario, pues su exceso aparte de ineficiente puede resultar confuso y contraproducente. Entre otras, algunas situaciones que requieren señalizar son:

1. Aquellos lugares a los que para acceder sean necesarios EPI (Equipos de Protección Individual). Es una señal de obligación para toda aquella persona que acceda al recinto, realice o no las tareas de mantenimiento.

Uso del casco obligatorio

2. Equipos de lucha contra incendios, mediante paneles, para su rápida localización.

Señal que restringe el uso del material a bomberos

3. Equipos de primeros auxilios, mediante paneles.

Señal de presencia de equipos de primeros auxilios

Primeros auxilios

4. Recorridos de evacuación y salidas de emergencia, también mediante paneles.

Señal que indica recorrido de evacuación señalando la escalera de escape

Escalera

5. Se deberán emplear señalizaciones de advertencia de peligros o de prohibición de uso a personal no autorizado en áreas donde la presencia de ciertos equipos o actividades solo admita personal autorizado.

Señal de prohibición de acceso a todo el personal no autorizado

Solo personal autorizado

6. Señalización por todo el edificio con el protocolo para los trabajadores en situaciones de emergencia y las instrucciones a tomar en caso de que sucediera dicha emergencia. Aparte de paneles, también puede hacerse mediante señales acústicas o luminosas, en función de la situación particular.

Señales a ubicar por el edificio para orientar en caso de emergencia

Direccionamiento de las siguientes:

Primeros auxilios | Camilla | Vía/Salida de emergencia

7. Otras situaciones en las que las circunstancias que envuelven el caso así lo recomienden.

Actividades

4. Responder si puede indicarse la existencia de equipos contra incendios anunciándose exclusivamente por megafonía. En caso negativo, indicar cuál es la señalización adecuada.

A la hora de elegir las señales más convenientes a poner en un área objeto de tareas de mantenimiento, han de valorarse ciertos factores, pues según el caso unas son más interesantes que otras. Los parámetros que ayudarán a tomar la decisión son:

- Las **dimensiones de la zona a cubrir.** Áreas muy extensas requerirán una mayor cantidad de paneles similares o bien de un tamaño mayor para su mejor visibilidad, por poner un ejemplo.
- El **número total de trabajadores afectados directa e indirectamente,** pues si su número es muy elevado y el mensaje a transmitir complejo, puede ser más efectiva información acústica que una señalización mediante paneles que puedan provocar aglomeraciones en torno a ellos y ralentizar la captación de la información.

- Los **peligros y circunstancias objeto de la señalización.** Si la información a transmitir es de importancia trascendental hay que priorizar esa señalización ante otra más secundaria y asegurarse de que el mensaje se capte con máxima rapidez y facilidad.
- El **resto de señales presentes,** pues la presencia de otras señales puede afectar positivamente o negativamente a una señal, bien porque dificulten su visión, provoquen confusión en el receptor, etc.

Otro punto de importancia es la elección del mejor emplazamiento para ubicar la señalización, puesto que deberán lograr los siguientes objetivos:

1. Informar, lo más rápido posible, sobre cómo actuar en los distintos casos que puedan darse.
2. Que sea fácil de identificar por parte de los destinatarios.
3. Que sea clara y sin ambigüedades, con interpretación única.
4. Permitir de forma efectiva su cumplimiento.

Una señal deberá eliminarse inmediatamente cuando desaparezca el motivo que justificaba su implantación, y mantenerse exactamente hasta ese mismo momento por motivos de seguridad.

5. Medidas preventivas y correctoras ante los riesgos detectados

Durante los trabajos de mantenimiento, como norma general, el operario está expuesto a una serie de riesgos o peligros cuya probabilidad debe minimizarse todo lo que se pueda. Por tanto, se han de establecer una serie de medidas preventivas en pro de la seguridad, que serán de obligado cumplimiento por parte del trabajador. Además, por supuesto, dichas medidas deberán ser siempre complementadas por la normativa y legislación vigente en cuanto a prevención de riesgos laborales.

A continuación se van a clasificar, en función de los distintos riesgos existentes, las diversas medidas que se han de tomar en tareas de mantenimiento en edificios. No tienen por qué presentarse todas en una misma actividad, por lo que cada proceso deberá estudiarse detenidamente para ver los riesgos a los que se está expuesto. Las medidas son:

1. Relativas al riesgo de caída a distinto nivel:

    - Empleo de equipos de elevación de garantías para acceder a lugares elevados. Si no se usan estos se necesitará recurrir al doble anclaje previo a la elevación.
    - Los trabajadores estarán sujetos con equipos anticaídas, los cuales deben estar unidos a puntos de elevada resistencia de la estructura de soporte, durante el tiempo que duren los trabajos.
    - Contrastar antes de empezar las tareas que los andamios son seguros, están bien instalados y tengan una superficie lisa y horizontal, sin obstáculos.
    - Serán necesarias barandillas homologadas en las zonas altas de trabajo.
    - Emplear calzado con suela antideslizante en zonas resbaladizas.
    - En trabajos en altura se precisarán siempre dos trabajadores para que el segundo pueda ayudar en cualquier momento, en caso de ser necesario.
    - Trabajar con máxima concentración, especialmente cuando se transita por escaleras, punto este de máximo peligro. Además, las escaleras deben recibir tareas de inspección y mantenimiento periódico.
    - Solo podrá trabajar en alturas el personal específicamente formado en ese campo.

2. Relativas al riesgo de caídas al mismo nivel:

    - Intentar minimizar la presencia de cables en las zonas de circulación.
    - Evitar obstáculos de origen variado.
    - Mantener equipos, herramientas y utensilios ordenados y limpios, conservando el área despejada.

3. Respecto a la caídas de objetos:
    - Controlar la altura de acumulación de objetos para evitar desplomes.
    - Acopiar material de forma segura, especialmente los graneles, para evitar deslizamientos o derrumbes.

4. Respecto a los golpes por el uso de herramientas inadecuadas para el trabajo a realizar, o por encontrarse en malas condiciones (desfasadas o dañadas). Deberán renovarse en ese caso.
5. Respecto a las proyecciones de piezas o partículas minúsculas durante los trabajos: se llevarán los Equipos de Protección Individual que indique la normativa, se aislará la zona, etc.
6. Ante la posibilidad de lesiones por sobreesfuerzos:

   - Evitar malas posturas durante los trabajos.
   - Repartir los esfuerzos en ciertas tareas entre varios operarios.
   - Usar maquinaria específica para ahorrar esfuerzo humano en ciertas tareas.

7. Para evitar los contactos térmicos: extremar las precauciones en tareas con equipos calientes como soldaduras, grupos electrógenos, etc.
8. Para solventar la deficiente iluminación: utilización de linternas homologadas.
9. Ante ruidos dañinos: utilización de EPI específicos contra ruidos.
10. Ante la utilización de productos peligrosos: extremar las precauciones y contrastar la ficha de seguridad del producto.
11. Para impedir colisiones contra objetos móviles o inmóviles: respecto a los primeros, hay que evitar circular o trabajar en su campo de actuación o trayectoria y realizar las tareas de mantenimiento y control cuando los objetos se encuentren parados. Respecto a los segundos, se evitará circular por zonas con poca iluminación o saturadas de equipos, además de mantener todo ordenado.
12. Respecto a los posibles daños causados por herramientas (golpes y cortes): se mantendrán las herramientas guardadas cuando no se utilicen, ordenadas y tapadas con cubiertas de seguridad si así lo requieren.
13. Para evitar contactos eléctricos: mantenimiento continuo y adecuado de las instalaciones, trabajar en ausencia de tensión, la presencia de dos trabajadores como mínimo cuando haya ciertos riesgos de contacto eléctrico, entre otras. Se requerirá también el uso de los EPI exigidos para cada situación. Por último, en los trabajos en alta tensión deberán extremarse todas las precauciones y solo el personal capacitado podrá realizarlos siguiendo fielmente el protocolo de seguridad.

14. Ante la posibilidad de incendios hay que tomar medidas especiales, destacando:

- Mantenimiento adecuado de equipos de extinción y detección de humo e incendios.
- Máxima accesibilidad de las salidas de emergencia, manteniéndolas libres de cualquier obstáculo.
- Procurar el máximo orden y limpieza de la zona de trabajo.
- Una buena ventilación de equipos.
- Buenas condiciones de mantenimiento de instalaciones y equipos eléctricos.
- Extremar las precauciones de seguridad en tareas de soldadura y cuando existan sustancias inflamables.

Definición

Ficha de seguridad
Es el documento que explica las particularidades de cada producto para su correcto uso o manejo a fin de minimizar riesgos de tipo laboral y medioambiental.

Actividades

5. Buscar en internet distintos tipos de carteles de señalización de salidas de evacuación y equipos de lucha contra incendios. Responder si, como norma general, son parecidos entre ellos.
6. Enumerar los distintos riesgos a los que se expondría un trabajador que realice tareas de mantenimiento en un ascensor.

Todas las medidas anteriormente citadas son las medidas de prevención imprescindibles ante tareas de mantenimiento, y en general, ante cualquier trabajo realizado con ese tipo de riesgos.

Las **medidas correctoras** surgirán como consecuencia de la aparición de un accidente o negligencia, por lo que siempre se debe dar especial prioridad a las medidas de prevención de riesgos, y solo se aplicarán las correctoras cuando hayan fallado las primeras, estando destinadas a la reparación y minimización de daños del fallo o error inicial generador del problema, procurando que no vuelva a repetirse en el futuro.

6. Protocolos de actuación en cuanto a emergencias surgidas durante el montaje de instalaciones

A veces las tareas de mantenimiento, debido a los riesgos que conlleva su realización, pueden padecer situaciones inesperadas o de emergencia para los trabajadores que las realizan e incluso para el personal de las inmediaciones no relacionado con los trabajos de mantenimiento. También se considera como una situación de emergencia cuando existe un peligro real de dañar al medio ambiente o al propio edificio.

Las situaciones de emergencia en edificios pueden resultar devastadoras y catastróficas, de ahí la importancia del desarrollo de medidas de prevención exhaustivas para evitarlas, pero también la necesidad de minimizar los efectos de las situaciones de emergencia mediante el desarrollo de medidas de protección de carácter complementario. De hecho, cuando las tareas de mantenimiento sean de una instalación muy compleja, los planes de emergencia deben ser supervisados por un especialista cualificado.

Entrando en materia, se definen **medidas de emergencia** como un conjunto de directrices básicas plasmadas en un documento para trabajadores y ocupantes del edificio y que dan instrucciones en caso de emergencia, referidas usualmente a evacuación. Este término no debe confundirse con los **planes de emergencia,** un concepto a mayor escala.

Definición

Plan de emergencia

Documento que contiene todo lo relativo a valoración de riesgos, evacuación de personal y control y extinción de incendios ante una situación determinada. Su extensión depende de la importancia que requiera el proceso.

Las situaciones de emergencia pueden ser de diversos tipos, aunque las más comunes son relativas a incendios, explosiones, emergencias sanitarias y accidentes laborales, pudiendo presentarse otras como escapes de sustancias tóxicas o peligrosas, desastres medioambientales, etc.

Además, las situaciones de emergencia se clasifican según su gravedad, teniendo distintas denominaciones. Así, de mayor a menor gravedad, se tienen:

- **Emergencia general:** en esta situación se precisa ayuda por parte de medios exteriores. El motivo es que se ven sobrepasadas las medidas de emergencias e incendios calculadas y disponibles para el edificio.
- **Emergencia parcial:** se precisa la ayuda de un equipo más preparado que en los casos de conatos para sofocar una emergencia que no puede ser erradicada de forma inmediata.
- **Conato de emergencia:** emergencia que puede ser neutralizada con los medios y el personal existente en el edificio de forma rápida.

Actividades

7. Indicar en qué tipo de emergencia entraría la ruptura descontrolada de tuberías de abastecimiento que requiriera la intervención urgente de los bomberos.

6.1. Protocolos de actuación

A continuación, se desarrollan los protocolos de actuación necesarios para las distintas emergencias, aunque ha de matizarse que estos dependerán de cada situación particular; a pesar de ello, aquí se aportan las directrices comunes y más significativas.

Evacuaciones de edificios

Debe lograrse evacuar con el máximo orden posible el edificio, evitando caídas y bloqueos, pero a la vez con la máxima rapidez, y sin transportar las personas, equipos ni otras cargas. Deberá evitarse el uso de ascensores, ya que muchas situaciones de emergencia cortan el suministro eléctrico en el edificio.

Las salidas de emergencia deben estar siempre libres de obstáculos y bien señalizadas. Durante la evacuación nunca se debe parar ni dar marcha atrás, el bien más preciado es la vida humana.

Incendios

Se debe informar a todos los ocupantes del edificio de la necesidad de evacuar los espacios afectados o que puedan verse afectados por el fuego y humos. Los trabajadores solo extinguirán el fuego si disponen de medios y preparación adecuados al respecto. Si alguna persona es alcanzada por las llamas se deberá socorrer sofocando el fuego con ropa o mantas.

El humo es un enemigo especialmente peligroso en estos casos. Provoca asfixia, pérdida de visibilidad, pánico y estrés. Las personas y operarios deben proteger su respiración con paños o trapos a ser posibles húmedos, actuando a modo de filtros de aire. El humo suele acumularse en las zonas altas por su menor densidad respecto al aire, por lo que se recomienda andar agachado en tales situaciones.

Fugas de gas

En estas situaciones jamás se debe manipular un sistema eléctrico pues cualquier chispa podría generar una explosión. Se debe avisar a las personas que ocupan el edificio para que lo desalojen inmediatamente y, por supuesto, se debe cortar la fuga de gas a través de las llaves de paso.

Una vez hecho esto se ventilará la zona afectada permitiendo la entrada de aire. Se abrirá toda ventana que comunique con el exterior.

Situaciones catastróficas

Las situaciones catastróficas son aquellas que ponen en peligro la integridad del edificio desde el punto de vista estructural, y por tanto a los ocupantes y personas e instalaciones de las inmediaciones. Pueden ser terremotos, rayos, inundaciones, etc.

Esta emergencia no tiene que ver directamente con el montaje de instalaciones pero puede pasar durante dicho proceso. En estos casos el operario debe regirse por las normas generales ante emergencias y, por supuesto, interrumpir las tareas de mantenimiento para ponerse a salvo.

Situaciones de emergencia sanitaria

Ante incidencias que generen daños y lesiones de diversa gravedad a los operarios de mantenimiento debe saberse que no deben tomarse medidas salvo si se está formado en primeros auxilios. Si se interviene sin estar formado lo único que se va a hacer es agravar la situación.

Aplicación práctica

La empresa de mantenimiento ManelecSur está realizando trabajos en las instalaciones de gas y en los diversos ascensores de los que consta un bloque de viviendas de tres plantas. Surge un imprevisto y se produce una fuga repentina de gas que provoca una situación de emergencia, aunque el técnico de mantenimiento detecta que puede ser

Continúa en página siguiente >>

<< Viene de página anterior

sofocada de forma rápida por él mismo. ¿Cómo calificaría la situación de emergencia y qué pasos realizaría para solucionarla? ¿Sería necesario alertar a los técnicos del ascensor?

SOLUCIÓN

Con los datos que se ofrecen parece que la emergencia no es grave y queda bajo el total control del técnico de mantenimiento de la instalación de gas. Si se actúa correctamente puede solucionarse de forma rápida y sin asistencia de equipos o medios externos, se trata por tanto de un conato de emergencia.

El procedimiento a seguir sería el siguiente:

- Se cortará la fuga de inmediato a través de las llaves de paso.
- Se alertará de la situación de emergencia a todos los residentes en el edificio, por supuesto también a los operarios de mantenimiento de los ascensores, que deberán desalojarlo.
- Se alertará de la prohibición de encender o apagar cualquier aparato eléctrico capaz de producir una chispa que conlleve una explosión, y la evacuación deberá seguir fielmente las reglas que establece su protocolo. Además deberá ventilarse el edificio, particularmente la zona afectada para generar corrientes de aire que provoquen la salida del gas. Para ello se abrirán puertas, ventanas y todo aquello que comunique con el exterior.

7. Primeros auxilios en diferentes supuestos de accidente en el montaje de instalaciones

Ante una situación de emergencia médica, derivada de un accidente, se ha de seguir un protocolo de actuación encaminado a auxiliar al accidentado hasta la llegada de asistencia especializada.

La casuística de accidentalidad en el montaje de instalaciones en edificios es muy variada, como ya se ha comentado, pudiendo generarse heridas de tipo punzante, cortante, perforante, abrasante, de contusión, etc., si bien, el protocolo de actuación en primeros auxilios se encuentra estandarizado para favorecer una intervención eficaz.

Primeros auxilios
Conjunto de técnicas y actuaciones adoptadas inicialmente con un accidentado, de forma rápida y en el mismo lugar del accidente, conducentes a evitar el agravamiento del estado del paciente y/o facilitar su recuperación.

El estado y la evolución en la recuperación del accidentado puede depender, en muchos casos, de la calidad y rapidez con la que se presten estos primeros cuidados.

7.1. Protocolo de actuación

El **protocolo básico de actuación** en caso de accidente responde a unos principios generales que son importantes conocer, ya que una respuesta inadecuada puede producir mayores daños a la víctima.

Este protocolo responde a las siglas PAS: Proteger, Avisar y Socorrer.

Proteger

Ante todo es necesario verificar que el entorno es seguro y que la causa que motivó el accidente no puede producir nuevas víctimas. Por ejemplo, en el caso de un accidente por electrocución es recomendable desconectar la corriente para evitar la exposición al mismo riesgo.

Avisar

Hay que informar cuanto antes a los servicios de emergencia (112, 091, 092...) para que transcurra el menor tiempo posible hasta que el accidentado reciba ayuda especializada.

Es importante ser preciso en la información dada a los servicios de emergencia al objeto de que puedan prepararse y equiparse de la mejor forma posible, aportando la siguiente información:

- Identificación de quien realiza la llamada: las llamadas anónimas suelen generar desconfianza.
- Lugar exacto del accidente.
- Tipología del accidente: caída, intoxicación por inhalación de humo, electrocución, quemaduras, etc.
- Número de accidentados y gravedad aparente: en función de si están o no conscientes, si sangran o no abundantemente, etc.

Socorrer

Una vez hecho lo anterior se procederá a realizar una **evaluación primaria** del accidentado consistente en un reconocimiento de sus signos vitales, en el orden que se expone a continuación.

Consciencia

Para determinar si la víctima está consciente se le debe formular alguna pregunta y, en caso de no obtener respuesta, generarle un leve estímulo doloroso (un pellizco o una pequeña sacudida suele ser suficiente). Existen dos posibilidades:

- **Si el accidentado está consciente:** no se precisa seguir explorando y se debe iniciar la **evaluación secundaria** de sus signos no vitales: sangrado, fracturas, etc. Conviene tranquilizar al accidentado, controlar las hemorragias (mediante vendajes o torniquetes) e inmovilizar las posibles fracturas.
- **Si el accidentado presenta un estado de inconsciencia:** no conviene moverlo de su posición, pues se podría agravar el estado de los posibles traumatismos sufridos.

Sabía que...

Tan importante como examinar y valorar el estado en el que se encuentra una persona accidentada es evitar los nervios y las situaciones de pánico. Los socorristas con más pericia siempre tratan de tranquilizar a la víctima si está consciente, explicándole que la asistencia sanitaria está en camino. Además, no abandonan nunca la comunicación con los servicios de emergencias hasta que se lo indican y mantienen continuamente operativo el terminal telefónico desde donde realizaron la llamada.

Respiración

Si el accidentado está inconsciente se debe comprobar la existencia de respiración. Lo más adecuado aquí es acercar la mejilla a la boca o nariz del accidentado, con la vista fija hacia su pecho, de forma que se pueda escuchar la salida del aire expulsado por las vías respiratorias de la víctima, notar el calor de dicho aire exhalado en la mejilla u observar el movimiento de la caja torácica.

Posición para comprobar la respiración

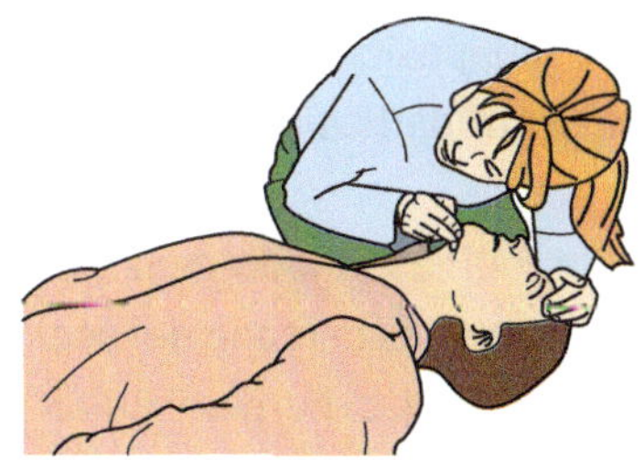

Existen dos posibilidades que se desarrollan a continuación.

Si el accidentado respira

No se precisa seguir explorando sus signos vitales, ya que se tiene la certeza de que el corazón funciona. Se procederá a iniciar la evaluación secundaria descrita en el punto anterior: control de hemorragias e inmovilización de fracturas y, si la causa de las heridas no es por traumatismo, colocar al accidentado en la denominada Posición Lateral de Seguridad (PLS).

En la Posición Lateral de Seguridad la boca, la barbilla, los brazos y las piernas han de presentar la siguiente postura:

- Posición de la boca: ha de mirar hacia abajo para facilitar la salida de líquidos sin obstaculizar las vías respiratorias.
- Posición de la barbilla: mirando hacia la parte alta de la cabeza para favorecer la respiración.
- Posición de brazos y piernas: han de quedar bloqueados para evitar movimientos en la postura del accidentado.

Posición lateral de seguridad (PLS)

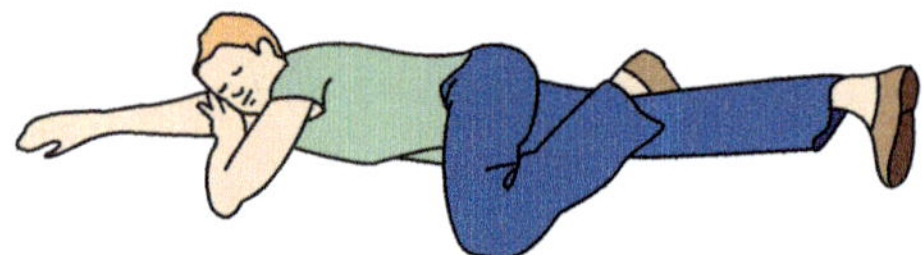

Para pasar de una posición en cúbito supino o boca arriba a la posición lateral de seguridad se deben seguir los siguientes pasos:

a. Ponerse de rodillas al lado de la persona accidentada.
b. Estirar el brazo más cercano del accidentado de forma que quede con el antebrazo perpendicular al cuerpo, y formando un ángulo de 90° con el brazo.
c. Flexionar la pierna del accidentado que se encuentra más alejada, sosteniéndola por la rodilla.
d. Agarrar la muñeca del brazo contrario del paciente, el más lejano, para depositarlo sobre el pecho del accidentado, a la vez que se sostiene la pierna a la altura de la rodilla, o por debajo de la misma.
e. Deslizar la mano sobre el accidentado hasta llegar al hombro.

f. Tirar suavemente del hombro y de la pierna (a la altura de la rodilla) al mismo tiempo, hasta poner al accidentado apoyado sobre su costado más cercano a la persona que socorre, buscando que la rodilla que se está sosteniendo toque el suelo, donde se soltará.
g. El brazo del lado contrario deberá quedar bajo la cabeza del paciente.

Si el accidentado no respira

Se le debe colocar rápidamente en posición decúbito supino o boca arriba respetando la alineación del eje del cuello.

Una vez hecho esto hay que comprobar la existencia de cuerpos extraños en su boca que impidan la respiración (dientes rotos, chicles, etc.) para, posteriormente, proceder a realizar una maniobra de apertura de las vías respiratorias mediante una técnica de hiperextensión del cuello (conocida como frente-mentón) apretando la frente y extendiendo mucho el cuello, teniendo cuidado de que la lengua no obstruya las vías respiratorias.

Técnica de hiperextensión de cuello (frente-mentón) para abrir las vías respiratorias

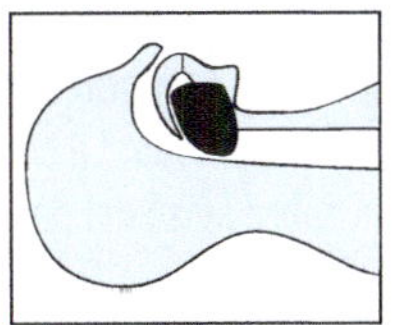

La lengua obstruye la vía aérea

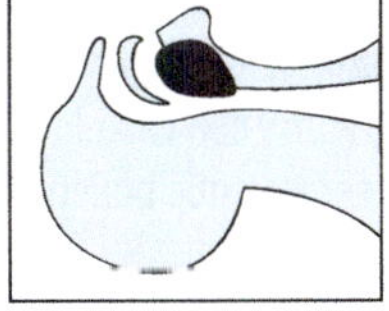

Maniobra frente-mentón

En caso de que esta maniobra no fuese suficiente para que la víctima recobrase la respiración, se estaría ante una situación de **paro cardíaco** que requiere de la aplicación de una técnica de respiración asistida (boca – boca).

La maniobra consta de los siguientes pasos:

- Apretar la frente y extender mucho el cuello (técnica de hiperextensión) colocando dos o tres dedos sobre la barbilla.
- Pinzar la nariz con la mano de la frente girada.
- Colocar los labios en la boca de la víctima asegurándose de que está sellada y realizar dos insuflaciones de aire rápidas.
- Tomar aire y repetir el proceso. El ritmo de insuflaciones ha de ser lento, en torno a 12 por minuto.
- Comprobar periódicamente el pulso cardíaco: cada minuto o cada 12 insuflaciones.

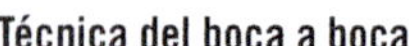

Técnica del boca a boca

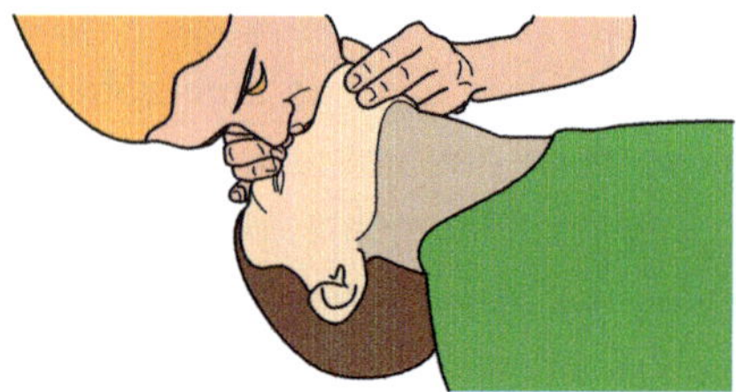

? Sabía que...

Las funciones vitales básicas son la respiración y la circulación sanguínea, puesto que en ausencia de una de ellas por un periodo superior a 5 minutos se produce la muerte de las células del cerebro y con ella el fallecimiento de la persona. La consciencia, la respiración y el pulso son las señales que ponen rápidamente sobre aviso del posible fallo en alguna de ellas.

Pulso

En las situaciones de paro cardíaco en la que se haya procedido a realizar la técnica del boca-boca se deberá comprobar cada cierto tiempo la existencia de pulso en el accidentado. Este debe tomarse en el cuello, ya que su localización es más fácil al estar próximo al corazón. En casos de emergencia basta tomarlo durante 10 segundos y multiplicar por 6.

Toma del pulso carótido

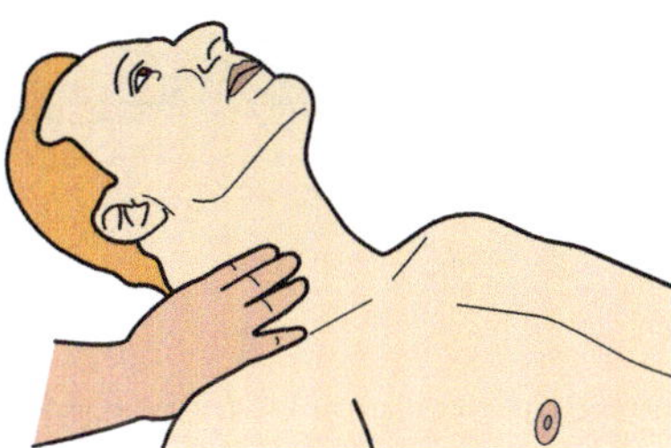

En el caso de la toma de pulso pueden darse dos posibilidades. Estas se desarrollan a continuación.

El accidentado tiene pulso

Se debe realizar exclusivamente la técnica del boca-boca hasta notar la recuperación de la respiración.

El accidentado no tiene pulso

Es necesario combinar la técnica anterior con un masaje cardíaco externo hasta que el pulso reaparezca.

El masaje ha de realizarse de la siguiente forma:

- **Preparación:** se coloca a la víctima sobre una superficie dura.
- **Localización del punto de compresión torácico:** está situado en el tercio inferior del esternón.
- **Posicionamiento de las manos y brazos:** colocar una mano sobre otra con los dedos estirados y el talón de la mano inferior unos 2-3 dedos por encima de la punta del esternón. Los brazos han de estar perpendiculares al suelo.

Punto de compresión torácico

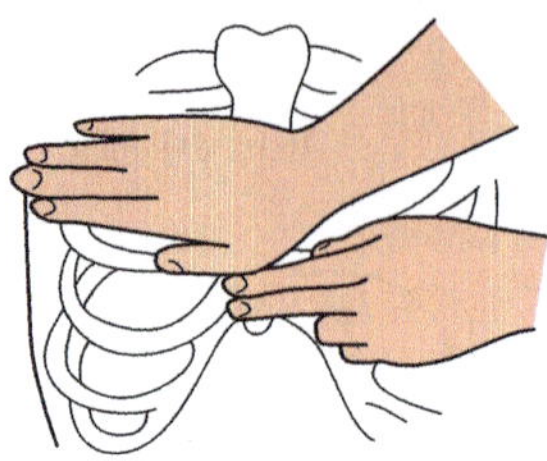

- **Procedimiento:** presionar el tórax hasta conseguir que se hunda 4-5 cm a un ritmo de contracción y relajación constante. Cada 30 compresiones habrá que intercalar 2 insuflaciones, tanto en adultos como en niños.

Masaje cardiaco externo

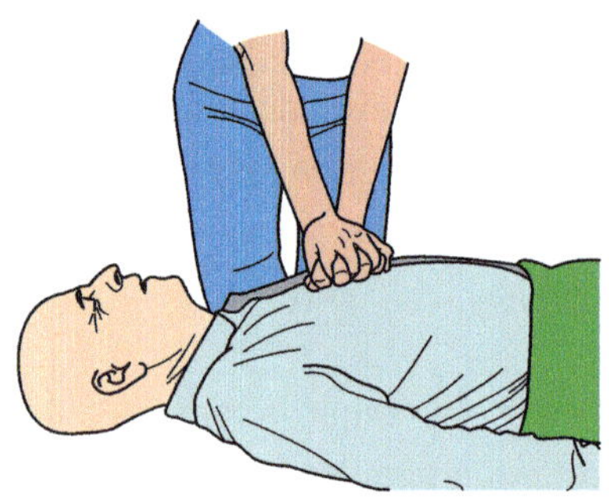

Actividades

8. Localizar el pulso de otra persona en tres lugares diferentes: muñeca, cuello y sien. Indicar dónde se percibe con mayor claridad.

Una vez conseguido que el accidentado recobre el pulso y la respiración se pasará al examen de sus signos no vitales o **evaluación secundaria.** En esta evaluación se deben examinar las distintas partes del cuerpo para poder adelantar los resultados de dicha inspección al personal sanitario especializado:

- **Cabeza:** se deben buscar heridas o golpes en el cuero cabelludo, sangrado de nariz, oídos o boca y lesiones en los ojos.
- **Cuello:** se debe tomar el pulso durante un minuto y aflojar las prendas que estén ajustadas.
- **Tórax:** se deben buscar heridas o contusiones que puedan dificultar la respiración.
- **Abdomen:** se deben buscar heridas y comprobar si está especialmente rígido o flácido al tacto.
- **Brazos y piernas:** se deben buscar heridas o contusiones y analizar la sensibilidad de los miembros.

A continuación se expone brevemente cómo se ha de actuar en caso de algunas heridas que revistan especial gravedad:

- **Perforaciones en el tórax:** taponar la herida (ya que si entra aire en el tórax la víctima no podría respirar), aflojar la ropa que pueda impedir la respiración y colocar a la víctima en una posición semisentada que facilite la respiración, siempre que fuera posible.

Posición semisentada

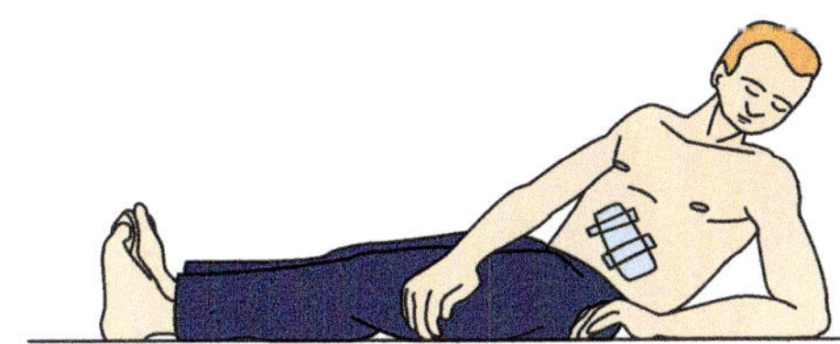

- **Perforaciones en el abdomen:** taponar la herida y, si hubiese salida de intestinos al exterior, cubrirlos con un paño húmedo. En ningún caso se deben manipular para volver a introducirlos, ni dar de comer o beber a la víctima. Conviene colocar al accidentado boca arriba con las piernas flexionadas.

- **Quemaduras eléctricas:** quitar la ropa que se desprenda fácilmente y cubrir la herida con una gasa limpia.
- **Hemorragias con importante pérdida de sangre:** taponar la herida, elevar la zona afectada y hacer un torniquete si fuera necesario. Es preciso, asimismo, marcar la fecha y hora de realización del torniquete.

Sabía que...

En ningún caso se deben extraer cuerpos extraños que estén clavados en la víctima. Al hacerlo podrían generarse nuevas hemorragias o entrada de aire en el cuerpo.

Realización de un torniquete

La finalidad de realizar un torniquete es el detener temporalmente una hemorragia que no puede ser detenida mediante la compresión de los vasos sanguíneos.

Se ha de aplicar entre la herida y el corazón y para ello no se debe utilizar, a ser posible, cuerda, alambre u otros objetos finos que al comprimir puedan cortar la zona, por lo cual, lo más indicado es utilizar un pañuelo plegado o algo similar que tenga una anchura suficiente, aproximadamente unos 5 cm.

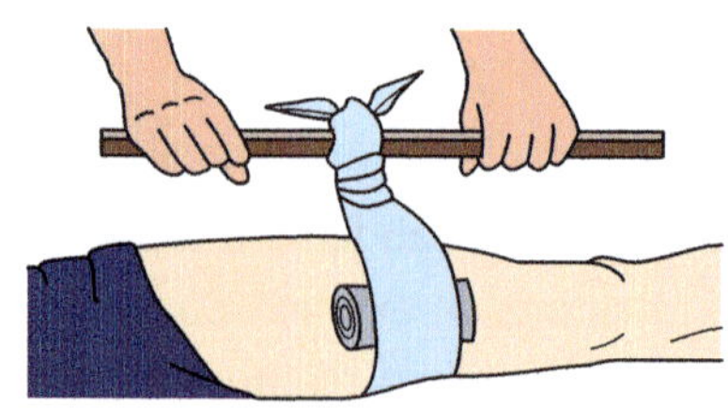

Tras colocar el torniquete, y hasta que la víctima sea atendida por los servicios especializados, se deberá ir aflojando para permitir el riego sanguíneo en el miembro afectado. Este procedimiento deberá llevarse a cabo aproximadamente cada 15 o 20 minutos, volviendo a apretar este nuevamente y repitiendo el procedimiento una vez lleguen los servicios asistenciales.

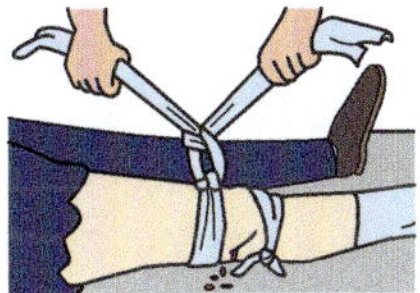
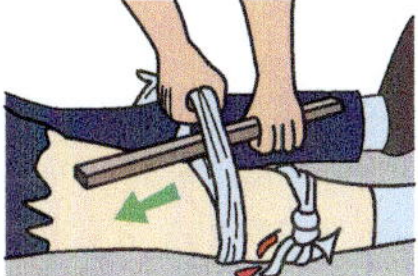
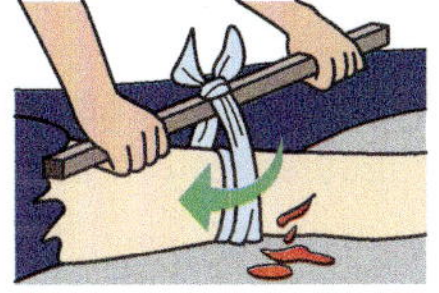
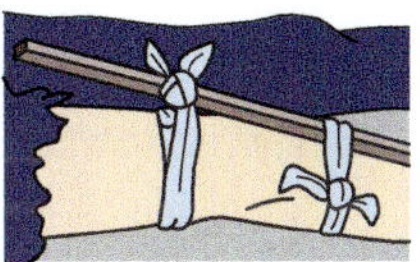

Es muy importante poner en un lugar visible la hora y el lugar donde está realizado el torniquete, procurando que este se encuentre a la vista, es decir, que no esté tapado ni con ropa ni con objetos.

Aplicación práctica

Usted se encuentra trabajando en las labores de desescombro de un edificio que está siendo demolido de forma controlada. De repente, observa como un compañero suyo ha resultado aplastado por el desplome parcial de un muro. Rápidamente acude en su ayuda, siendo usted el primero en llegar a la zona del accidente. ¿Cómo se debería proceder para auxiliar al accidentado?

SOLUCIÓN

Por la tipología del accidente se han podido producir diversas lesiones graves relacionadas con traumatismos, por lo que es preciso iniciar el protocolo de seguridad PAS: Proteger, Avisar y Socorrer.

- **Proteger**: evidentemente no es seguro encontrarse cerca del muro por lo que, en primer lugar, se deberá determinar con una rápida evaluación si su compañero ha quedado atrapado o no, y si es posible, rescatarlo por sus propios medios o dar el aviso a otros compañeros. Se trasladará a la víctima la distancia mínima necesaria para garantizar

Continúa en página siguiente >>

<< Viene de página anterior

su seguridad y la de las personas que la auxilien, y evitar perder un tiempo valioso en la atención del accidentado.

- **Avisar:** a continuación se dará aviso a los servicios de emergencia (112, 091, 092, etc.), bien usted mismo, si dispone cerca de algún terminal telefónico, o a través de algún compañero cercano. Al mismo tiempo, algún compañero deberá ir a buscar el botiquín de emergencia para atender al accidentado.
- **Socorrer:** finalmente se realizará un reconocimiento de los signos vitales del accidentado: consciencia, respiración y pulso (por ese orden).

Si el accidentado estuviese consciente se realizará una evaluación secundaria de posibles heridas (sangrado, fracturas...), comenzando por las zonas más sensibles (cabeza y cuello) y terminando por las extremidades, siempre que no se perciba, a golpe de vista, una herida que requiera atención inmediata.

Si existen fracturas se deberá inmovilizar dicha zona y, en caso de hemorragias, taponar la herida y presionar sobre ella. En caso de pérdida importante de sangre en alguna de las extremidades se ha de realizar un torniquete a la víctima en dicha extremidad por la zona más próxima al tronco y anotar a qué hora se ha realizado.

En caso de que el accidentado no estuviese consciente se le tomará la respiración y el pulso, procediendo a realizar las técnicas del boca-boca (en ausencia de respiración) y/o de masaje cardíaco (en ausencia de pulso), hasta que la víctima recupere estas funciones vitales.

8. Tipos y características de los Equipos de Protección Individual

Los Equipos de Protección Individual (EPI) son aquellos equipos o accesorios destinados a ser llevados por el trabajador para protegerle de uno o varios de los riesgos presentes en su actividad laboral.

El uso de estos equipos puede llevar aparejado una falta de confort, por lo que a la hora de elegirlos, además del grado de protección que ofrezcan, es necesario valorar la comodidad de los mismos.

En el ámbito del mantenimiento de instalaciones los tipos de equipos de protección más habituales son calzado profesional, casco, protectores auditivos y visuales, guantes, sistemas anticaída, y ropa de protección. Estos se describen a continuación.

Calzado de uso profesional

Es un tipo de calzado que proporciona una mayor protección en los dedos frente a posibles impactos y en la planta frente a posibles perforaciones. Además, dispone de un sistema que minimiza el riesgo de esguinces al inmovilizar más el pie. Entre sus características y funciones destacan:

- **Antideslizante:** mediante la utilización de suelas de materiales sintéticos o de caucho (de mayor capacidad adherente) y formas rugosas en la planta. Es de gran utilidad cuando se trabaja en pisos mojados o resbaladizos (manchas de aceite, etc.).
- **Puntera reforzada:** mediante algún tipo de soporte metálico para proteger los dedos que son la parte más sensible del pie.
- **Cerradas y ajustadas:** para evitar determinados movimientos del pie que puedan generar lesiones como esguinces.

Sabía que...

El calzado de cuero es más flexible y se adapta a la forma del pie de la primera persona que lo utiliza. Por ello, y por higiene personal, debe evitarse compartirlos con otras personas.

Equipos de protección auditiva

Reducen el sonido que percibe el oído y proporcionan protección frente a ruidos. Existen diferentes tipos de tapones y orejeras en función del nivel de protección deseado. Entre sus características y funciones destacan:

- Ajuste a los pabellones auditivos: para reducir de forma eficaz el nivel de ruido percibido. En el caso de los tapones, estos son de material blando y moldeable.
- Revestimiento interior (en el caso de las orejeras): que permite la mejor absorción del sonido.

Actividades

9. Buscar información acerca del nivel de ruido emitido por distintos elementos habituales en una obra de edificación, como pueden ser un camión, una radial o un martillo neumático.

Equipos de protección visual

Son diferentes modelos de gafas que están especialmente diseñados para proteger al trabajador de pequeños impactos en el ojo, introducción de partículas de polvo o irritación por gases, líquidos, etc., e incluso pueden dar protección frente a radiaciones.

Existen también otros equipos que, además del ojo, protegen el resto del rostro (pantallas de protección).

Las principales características y funciones son:

- Ofrecer protección frontal contra pequeños impactos o partículas en suspensión por medio de su pantalla delantera.
- Ofrecer protección lateral (opcional).
- Mejorar la visibilidad: al disponer de un habitáculo cerrado que garantiza la apertura deseada del ojo con independencia de los condicionantes externos. Han de estar hechas con material que no se empañe ni se rompa con facilidad.

Casco de protección

Es un elemento de protección de la cabeza frente a la caída de objetos. Han de presentar en su diseño las siguientes características y funciones:

- Desviar los pequeños objetos que caigan sobre la cabeza: gracias a su forma redonda y su superficie lisa.

- Distribuir la presión sobre la superficie del casco: lo que se traduce en una reducción de la fuerza del impacto sobre la cabeza y su transmisión al cuello.
- Resistir a la llama durante exposiciones cortas de tiempo.
- Algunos cascos presentan características específicas para los riesgos del trabajo a desarrollar. Así, en trabajos donde se requiere un manejo de elementos de baja tensión se utilizan cascos aislantes.

Actividades

10. Indagar acerca del peso máximo utilizado en las pruebas de seguridad que han de pasar los cascos, su altura de caída y el tiempo máximo de exposición a la llama. Señalar si existe alguna otra prueba no obligatoria que se le pueda hacer a este Equipo de Protección Individual.

Ropa de protección

Es aquella que se coloca encima de la propia, o en su sustitución, y ofrece protección frente a diversos riesgos de tipo mecánico (impactos, cortes, rozaduras, etc.), térmico (contacto con materiales calientes, proyecciones de focos de calor, etc.), eléctrico, etc. En función del riesgo, el material empleado en su confección será diferente. Sus principales características y funciones son:

- **Protección frente a cortes:** utilizando para su fabricación materiales de especial resistencia o incluyendo masas de fibras capaces de atascar piezas móviles (como una sierra mecánica).
- **Protección frente a la llama:** son prendas hechas con materiales de tipo ignífugo, resistentes al calor y a las salpicaduras de metales en estado líquido.
- **Protección frente a baja visibilidad:** son por lo general chalecos reflectantes realizados con materiales de tipo fluorescente que permiten resaltar a su portador frente a la luz solar o artificial.

- **Protección frente a la electricidad:** en trabajos con baja tensión son prendas compuestas de algodón o de algodón y poliéster. En alta tensión, sin embargo, se utilizan ropas conductoras.

Actividades

11. Explicar por qué en los trabajos con baja tensión se utilizan prendas de baja conductividad eléctrica mientras que en alta tensión se utilizan prendas conductoras. Razonar la respuesta.

Guantes

Son elementos de protección de las manos, si bien en algunos casos pueden proteger también el antebrazo y el brazo.

Existen diferentes modelos de guantes que ofrecen prestaciones distintas en función del riesgo o riesgos que se quieran atenuar (mecánicos, térmicos, eléctricos, etc.). Sus principales características y funciones son:

- **Grosor del material:** determina la sensibilidad y la capacidad para manipular elementos.
- **Tipología del material:** aporta características específicas (aislantes, ignífugas, etc.).
- **Inocuidad:** la degradación por uso de los materiales no supone un riesgo para el usuario.
- **Ergonomía:** permite un grado de confort suficiente.

Sistemas anticaída

Son sistemas de protección utilizados frente a caídas a distinto nivel.

El sistema asegura que, en caso de producirse una caída, el trabajador quede frenado en un corto espacio de tiempo, minimizando las lesiones por la fuerza del frenado. Consta de:

- Un elemento de acoplamiento corporal: como un arnés o un cinturón de seguridad.
- Un elemento de conexión: como un cable, que permita la absorción parcial de energía mediante su deformación para reducir los efectos durante la caída.
- Un bloqueo automático: que evite la colisión.

9. Identificación, uso y manejo de los Equipos de Protección Individual

A continuación, se incluyen algunos ejemplos gráficos de diferentes equipos de protección utilizados en los trabajos en instalaciones dentro del sector de la edificación. Se debe prestar especial atención a las formas geométricas de los elementos y las diferentes partes que lo componen, para aprender a diferenciarlos de otros productos de uso no profesional.

Antes de usar cualquier tipo de protección conviene hacer una inspección visual previa para comprobar que se encuentran en buen estado, debiendo reemplazarse en caso de estar deteriorados.

Calzado de uso profesional

Se identifica por la dureza de la puntera, los mayores resaltes de la suela y la existencia de elementos de ajuste al pie que otorgan un menor grado de flexibilidad al tobillo.

Elementos de una bota de calzado de uso profesional

El calzado debe revisarse antes de cada uso, y desecharse o repararse si se detectan deficiencias en el mismo (suela levantada, puntera defectuosa, descosidos, etc.).

Como norma general, el calzado no se debe intercambiar entre varios trabajadores, ya que las condiciones óptimas de protección se consiguen por medio del ajuste individual del equipo.

Equipos de protección auditiva

Son más complicados de diferenciar respecto de otros productos de uso común. Las orejeras suelen ser de mayor tamaño (no siempre) y disponen de una cavidad interior para ajustarse mejor al pabellón auditivo. Los tapones suelen ser lisos, para evitar la adherencia de impurezas.

Forma de colocación del tapón y tipos de tapones y orejera

Estos equipos deben usarse de forma continuada mientras dure la exposición al ruido.

Equipos de protección visual

Pueden presentar diversos tipos de monturas y sujeciones. El protector frontal puede ser de cristal mineral, plástico o malla.

Gafas de cristal, plástico y malla. Pantalla de plástico

Los sistemas de sujeción deben ajustarse bien detrás de las orejas. Las gafas han de permanecer centradas y la correa trasera debe sujetarse en la parte posterior de la cabeza.

Al igual que ocurre con los equipos de protección auditiva, antes de quitarse las gafas debe desaparecer la fuente de riesgo.

Casco de protección

Consta de dos elementos principales: el casquete, que es la parte dura externa donde se recibe el posible impacto, y el arnés, donde se ajusta el casco a la cabeza del operario y que absorbe parte de la energía cinética del impacto.

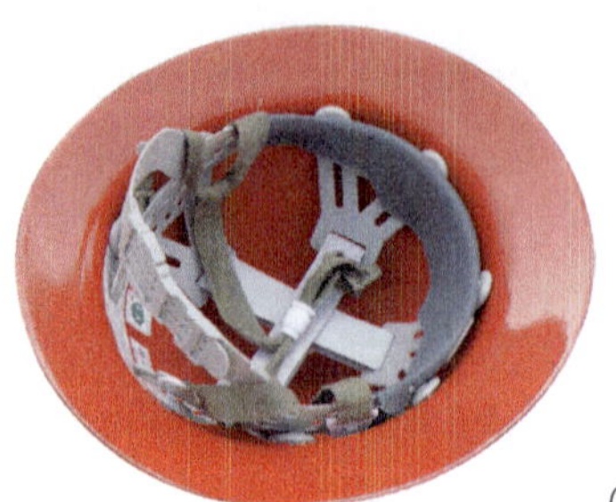

Casco, donde se aprecia el arnés y el casquete

Respecto al uso y manejo del casco de protección, este debe ajustarse apropiadamente a la cabeza, de manera que quede bien sujeto impidiendo su movimiento.

Guantes

Los guantes de protección se diferencian del resto por la disposición de ribetes o tiras de refuerzo en las zonas más sensibles. El material y grosor dependen del tipo de riesgo que se trate de evitar. Por ejemplo, unos guantes para trabajos en media y baja tensión pueden estar fabricados de látex natural y tener un grosor de 0,50 mm. Los guantes deben ajustarse apropiadamente a la mano, mediante la selección del tamaño adecuado y a través de los elementos de sujeción del mismo, pero siempre permitiendo el movimiento de la mano en las condiciones adecuadas.

Elementos de un guante. Guante de material anticortaduras

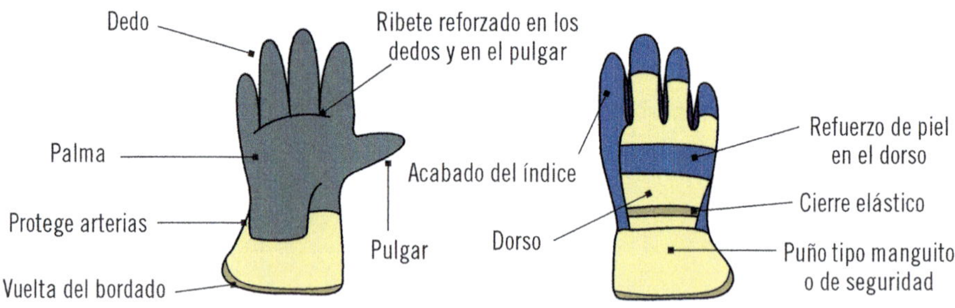

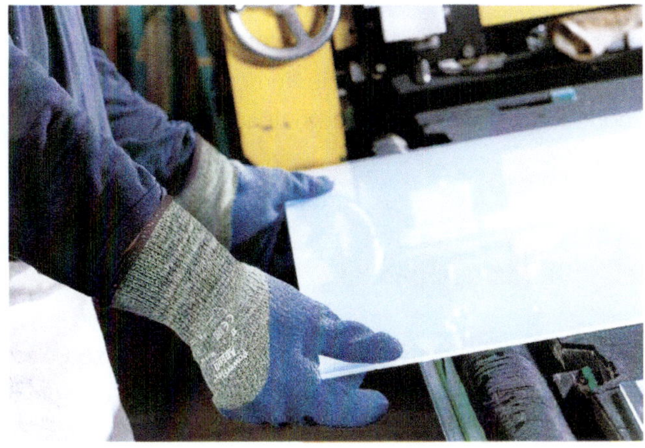

Sistemas anticaída

Constan de un cinturón o arnés, un sistema de conexión (cuerda) y un sistema de anclaje.

Arnés de seguridad

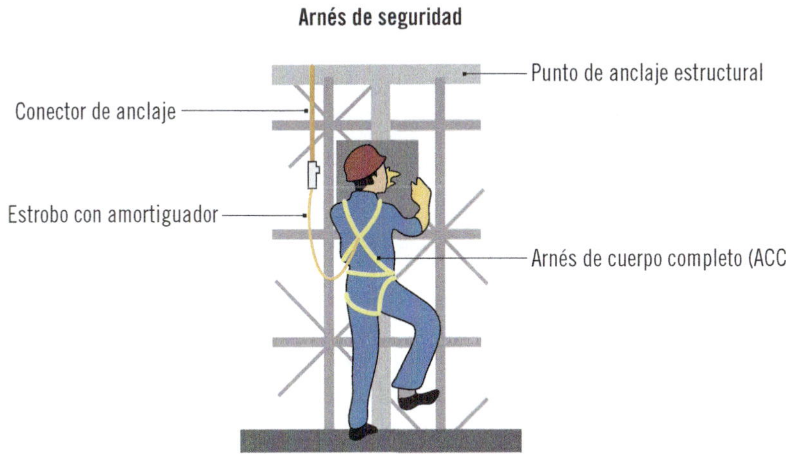

Durante su uso hay que verificar que los puntos de anclaje sean seguros, accesibles y no presenten cerca aristas o cantos agudos.

El cinturón o arnés debe ajustarse al tamaño del operario, de manera que quede bien sujeto a él. En cuanto al manejo de la cuerda (sistema de conexión) se ha de evitar que esta se enrede alrededor de cualquier obstáculo. Por último, el punto de anclaje debe ser suficientemente resistente y no debe anclarse a tuberías, conductos de paso de electricidad, o cualquier otro elemento que pueda desprenderse.

10. Selección de los equipos de protección según el tipo de riesgo

En este apartado se muestran unas pautas generales sobre lo que se debe tener en cuenta a la hora de seleccionar los diferentes equipos de seguridad según el riesgo al que se esté expuesto.

A la hora de elegir un equipo de protección siempre conviene dejarse asesorar por personal especializado con conocimientos en la materia.

Calzado de uso profesional

La altura del calzado dependerá de la movilidad necesaria y de la comodidad.

En situaciones de trabajo sobre suelos deslizantes o resbaladizos se usará calzado con suela antideslizante.

El calzado ha de poder ajustarse bien al pie para evitar torceduras.

El calzado debe adaptarse al tipo de riesgo. De esta manera existen calzados:

- Con puntera de goma para evitar la caída e impactos sobre el pie.
- Con protección frente a riesgos eléctricos.
- Para fundidores con riesgo de altas temperaturas.
- De goma o PVC por la presencia de fluidos (agua, aceites, etc.) que puedan afectar al pie.

Equipos de protección auditiva

Se debe escoger el equipo de protección auditiva adecuado al nivel de ruido del entorno de trabajo.

En situaciones donde se precise hablar para el adecuado desempeño de la actividad se utilizarán protectores específicos que dispongan de sistemas de atenuación variable en función del nivel sonoro exterior.

Equipos de protección visual

Para su elección hay que conocer la fuerza de los posibles impactos (material del protector frontal), dirección de incidencia (protector lateral), exposición o no a movimientos bruscos (tipo de sujeción y montura), naturaleza de las partículas (características adicionales como resistencia a la abrasión), etc.

Se deben ajustar perfectamente y ser cómodos.

Si se requiere buena visibilidad habrá que seleccionar gafas que permitan un mayor ángulo de visión periférica.

Con calor y humedad se deberán seleccionar protectores antiempañantes.

Los equipos de protección visual deben ajustarse al tipo de riesgo. De esta manera existen los siguientes equipos:

Equipos de protección individual

Equipos para impactos de partículas proyectadas

Equipos para radiaciones UV

Equipos para salpicaduras de productos químicos

Equipos para radiaciones ultravioletas e infrarrojos

Equipos para radiaciones láser

Casco de protección

Se debe cuidar que el casco se ajuste bien a la cabeza y no se desprenda ante cualquier movimiento. A igualdad de protección, elegir los cascos menos pesados.

Los cascos de polietileno no son adecuados en condiciones de trabajo a altas temperaturas. En tales casos, los mejores materiales son el policarbonato, policarbonato con fibra de vidrio, tejido fenólico o poliéster con fibra de vidrio. En situaciones con riesgo de aplastamiento se deben utilizar cascos de poliéster o policarbonato reforzados con fibra de vidrio. Frente a riesgos de perforación, los materiales más adecuados son policarbonatos, polietileno y policarbonatos con fibra de vidrio. En situaciones de riesgo eléctrico se deben utilizar cascos de seguridad aislantes.

Guantes

En los trabajos que requieran una cierta destreza será necesario utilizar guantes que permitan el adecuado nivel de desteridad (sensibilidad al tacto).

La talla del guante ha de ser la adecuada. En caso de ser estrechos, por ejemplo, podrían dificultar la correcta circulación sanguínea.

El material más adecuado dependerá del riesgo concreto a evitar. Por ejemplo, los guantes con revestimiento de alcohol de polivinilo (PVA) no son resistentes al agua.

Sistemas anticaída

Estos equipos son utilizados en caso de riesgo de caída. El uso de estos dispositivos requiere de cursos específicos de formación.

11. Mantenimiento de los equipos de protección

En la siguiente tabla se muestran una serie de recomendaciones generales para el mantenimiento de los diferentes equipos de protección.

EQUIPOS PROTECCIÓN	RECOMENDACIONES EN EL MANTENIMIENTO
Calzado de uso profesional	El calzado debe mantenerse en buen estado de limpieza y en condiciones secas mientras no se usa, aunque no debe situarse próximo a fuentes de calor que pudieran deteriorar los materiales del mismo. El calzado compuesto por materiales plásticos, cauchos o gomas puede ser reutilizable tras un proceso de desinfección. Efectuar un tratamiento regular de limpieza y desinfección previene la aparición de hongos y bacterias. La mayoría de los productos comerciales habituales son adecuados para ello.

EQUIPOS PROTECCIÓN	RECOMENDACIONES EN EL MANTENIMIENTO
Equipos de protección auditiva	Los equipos de más de un uso no deben nunca reutilizarse por otra persona sin ser antes limpiados, lavados y secados adecuadamente, respetando siempre el número máximo de reutilizaciones.
Equipos de protección visual	Al igual que otros equipos como el calzado, no es conveniente que sean utilizados por varias personas, puesto que su grado óptimo de protección tiene que ver con el grado de ajuste individual de cada equipo. Se deben limpiar diariamente para mantener un buen grado de visibilidad y evitar posibles enfermedades, y también siempre antes de ser utilizados por otro trabajador. Ha de evitarse depositarlos con el cristal hacia abajo para evitar rallarlos, debiendo guardarse limpios y secos en estuches a prueba de polvo.
Casco de protección	El casco ha de revisarse antes de cada utilización, desechándose si se detectan desperfectos o después de sufrir un impacto significativo. Deben guardarse en lugares que no estén expuestos a la luz del sol ni a condiciones elevadas de temperatura o humedad. Los cascos de polietileno o polipropileno, por ejemplo, pierden sus propiedades mecánicas por efecto del calor o el frío. Ha de limpiarse y desinfectarse regularmente, en especial si el trabajador suda mucho o se comparte con otros trabajadores. Los materiales adheridos al casquete del casco pueden limpiarse mecánicamente o con algún tipo de disolvente que no ataque el material del que está fabricado. También es posible lavarlos con agua caliente y detergente.
Guantes	En general, los guantes deben mantenerse limpios y secos. Antes de ponerse los guantes, las manos también han de estar limpias y secas.

Continúa en página siguiente >>

<< Viene de página anterior

EQUIPOS PROTECCIÓN	RECOMENDACIONES EN EL MANTENIMIENTO
Sistemas anticaída	Se deben guardar en lugares secos y frescos, alejados de fuentes de calor y protegidos de la luz solar. El transporte de estos equipos debe realizarse en sus habitáculos correspondientes. Los equipos hechos de materiales textiles pueden lavarse de forma habitual usando algún tipo de detergente para tejidos delicados, pero dentro de algún envoltorio que evite contactos mecánicos. La temperatura óptima de lavado son 30 °C. Por encima de 60 °C los compuestos de poliéster y poliamida se pueden dañar.

12. Resumen

El mantenimiento de un edificio es una labor que entraña numerosos riesgos, que son necesarios identificar para que el trabajador se pueda proteger adecuadamente contra ellos.

Los riesgos existentes, como se han visto en este capítulo, pueden ser muy variados, y abarcan desde riesgos químicos a riesgos eléctricos, pasando por riesgos mecánicos y los correspondientes al trabajo en altura y a la manipulación de determinadas herramientas, entre otros.

Para evitar que estos riesgos pongan en peligro la seguridad y salud de los trabajadores, las zonas de trabajo deben ser señalizadas y delimitadas. Asimismo, se deben tomar medidas preventivas y correctoras para combatirlos, como son el evitar circular por zonas con poca iluminación o llevar a cabo un adecuado mantenimiento de los equipos.

En el caso de producirse un accidente laboral es necesario conocer los protocolos de actuación básicos, así como los primeros auxilios necesarios, ya que la primera atención al herido la prestan siempre sus propios compañeros.

Una parte fundamental de la prevención es la utilización adecuada de los Equipos de Protección Individual. Pero no solamente hay que reconocer estos equipos y utilizarlos, sino seleccionar el equipo adecuado y llevar un mantenimiento acorde con las necesidades.

Todas estas medidas garantizarán un trabajo en condiciones seguras, de manera que los riesgos puedan ser minimizados en la medida de lo posible.

Ejercicios de repaso y autoevaluación

1. **De las siguientes frases, indique cuál es verdadera o falsa.**

    a. El izado con grúas tiene el riesgo de caída de objetos.

    - ☐ Verdadero
    - ☐ Falso

    b. El contacto indirecto se da por el defecto de aislamiento.

    - ☐ Verdadero
    - ☐ Falso

    c. El trabajo en altura solo tiene el riesgo de caída en altura.

    - ☐ Verdadero
    - ☐ Falso

2. **Nombre los riesgos más importantes de los trabajos de izado y transporte manual de cargas.**

    ____
    ____
    ____
    ____

3. **¿Por qué se pueden dar lesiones y fatigas en los trabajos en altura?**

    ____
    ____
    ____
    ____

4. ¿Pueden ser un riesgo las condiciones de iluminación? ¿Por qué?

____
____
____
____

5. De las siguientes frases, indique cuál es verdadera o falsa.

a. El conato de emergencia es el más grave de los casos de emergencia posibles.

- ☐ Verdadero
- ☐ Falso

b. La emergencia general requiere ayuda de medios y personal del exterior.

- ☐ Verdadero
- ☐ Falso

c. La emergencia parcial requiere de equipos más preparados que el conato de emergencia.

- ☐ Verdadero
- ☐ Falso

d. El conato de emergencia no requiere de medios ni de equipos exteriores al edificio afectado.

- ☐ Verdadero
- ☐ Falso

6. Complete la siguiente oración.

Se define la ____________ de seguridad y salud en el trabajo como aquellas indicaciones que evocan una ____________ o simplemente ____________ sobre una actividad, objeto o ____________ determinada.

7. ¿Qué son las medidas de emergencia?

____

____

____

____

8. ¿Cuál de las siguientes señales en forma de panel informa sobre un peligro?

a. Advertencia.
b. Obligación.
c. Prohibición.
d. Balizamiento.

9. Explique la forma de realizar correctamente un torniquete.

____

____

____

____

10. ¿En qué consiste la evaluación secundaria del accidentado?

____

____

____

____

11. ¿A qué responden las siglas PAS?

a. Proteger, Auxiliar y Socorrer.
b. Proteger, Avisar y Socorrer.
c. Permanecer, Avisar y Socorrer.
d. Proteger, Avisar y Salvar.

12. ¿Cuáles son las partes componentes de un equipo anticaída?

____

____

13. ¿En qué circunstancias no son adecuados los cacos de polietileno?

a. En condiciones de trabajo a altas temperaturas.
b. En condiciones de trabajo a bajas temperaturas.
c. En trabajos de altura.
d. En condiciones de trabajo con riesgos eléctricos.

14. ¿Qué protector visual se debe utilizar en el caso de trabajos con calor y mucha humedad?

____

____

15. De las siguientes frases, indique cuál es verdadera o falsa.

a. El casco ha de revisarse, al menos, una vez a la semana.

- ☐ Verdadero
- ☐ Falso

b. Los cascos deben guardarse en lugares secos, con baja humedad.

- ☐ Verdadero
- ☐ Falso

c. Los cascos pueden ser limpiados con agua caliente.

- ☐ Verdadero
- ☐ Falso

d. El mantenimiento de los cascos no está relacionado con sus propiedades mecánicas.

- ☐ Verdadero
- ☐ Falso

Capítulo 6

Normativa y recomendaciones sobre el uso eficiente de la energía en edificios

Contenido

1. Introducción
2. Marco de desarrollo
3. Código Técnico de Edificación (CTE)
4. Reglamento de Instalaciones Térmicas en Edificios (RITE) y sus Instrucciones Técnicas Complementarias (ITE)
5. Reglamento Electrotécnico de Baja Tensión y sus instrucciones técnicas complementarias
6. Reglamento de Eficiencia Energética en Instalaciones de Alumbrado Exterior y sus Instrucciones Técnicas Complementarias (ITC)
7. Normativa autonómica y ordenanzas municipales
8. Pliegos de prescripciones técnicas
9. Resumen

1. Introducción

El mantenimiento de un edificio se encuentra incluido dentro de todo el conjunto de la normativa actual. Esta normativa puede resultar a veces compleja, pero es necesario su conocimiento por dos razones.

La primera es porque esta normativa marca unas directrices que son de obligado cumplimiento para toda persona que realice tareas relacionadas con el mantenimiento de un edificio. La segunda es porque esta regulación incluye también recomendaciones que, si bien no son de obligado cumplimiento, sí son recomendables seguir o, al menos, tener conocimiento de ellas.

La normativa relacionada con el mantenimiento de edificios está recogida por todas las administraciones existentes: estatal, a través del Código Técnico de Edificación o de reglamentos, autonómica y local. Mención aparte merecen los pliegos de prescripciones técnicas, que si bien no forman parte de la normativa, sí son de obligado cumplimiento.

El conjunto de estas normas, su aplicación, sus recomendaciones y sus diferencias se describirán en el presente capítulo.

2. Marco de desarrollo

En el año 2007 se aprobó el Plan de Acción de la Estrategia de Ahorro y Eficiencia Energética en España (2008 – 2012), uno de cuyos objetivos era extender y desarrollar socialmente el conocimiento sobre estrategias de ahorro y eficiencia energética.

Con la aprobación posterior del Plan de Acción de Ahorro y Eficiencia Energética (2011 – 2020) se actualizaron y ampliaron los objetivos y el año horizonte de los mismos.

El Plan Nacional de Acción de Eficiencia Energética 2017-2020 dio continuación al Plan Nacional de Acción de Eficiencia Energética 2014-2020, y se configuró como una herramienta central de la política energética.

En octubre de 2022 el Consejo de Ministros aprobó el Plan Más Seguridad Energética (+SE) que adopta medidas de eficiencia y ahorro, fomenta las energías renovables y refuerza la capacidad industrial.

El procedimiento de certificación de la eficiencia energética en edificios, mediante una evaluación del nivel de eficiencia energética del mismo en unas condiciones normales de uso, está regulado por Real Decreto 390/2021, de 1 de junio, por el que se aprueba el procedimiento básico para la certificación de la eficiencia energética de los edificios. Posteriormente, se le da al edificio un etiquetado que le otorga una calificación energética determinada.

Este certificado es obligatorio a partir del 1 de junio de 2013 para todos aquellos edificios, viviendas o locales que vayan a ser vendidos o arrendados y también para aquellos de nueva construcción.

La **evaluación del nivel de eficiencia energética** atiende a diversas variables, tales como la envolvente térmica del edificio, las instalaciones de climatización e iluminación, etc.

La etiqueta de eficiencia energética clasifica el comportamiento energético de un edificio mediante una letra, desde la A (edificio más eficiente) hasta la G (edificio menos eficiente).

ETIQUETA DE EFICIENCIA ENERGÉTICA

Clasificación energética	Consumo energético	Calificación
A	< 55 %	Bajo consumo de energía
B	55-75 %	
C	75-90 %	
D	95-100 %	Consumo de energía medio
E	100-110 %	
F	110-125 %	Alto consumo de energía
G	> 125 %	

La normativa técnica española en el ámbito de la edificación (CTE, RITE, etc.) se ha ido adaptando para incorporar en su articulado los nuevos conceptos en materia de eficiencia energética.

3. Código Técnico de Edificación (CTE)

El Código Técnico de Edificación (CTE) es el instrumento normativo de referencia a nivel estatal que establece los requisitos básicos de calidad en los edificios y sus instalaciones. Se encuentra en vigor desde marzo de 2006, siendo su última modificación la del Real Decreto 450/2022, de 14 de junio, por el que se modifica el Código Técnico de la Edificación, aprobado por el Real Decreto 314/2006, de 17 de marzo.

Dentro del CTE, el **DB HE Ahorro de energía** tiene por objeto establecer reglas y procedimientos que permiten cumplir las exigencias básicas de ahorro de energía. En este DB (Documento Básico) se establecen siete áreas de exigencias básicas con el objetivo de conseguir reducir el consumo energético y lograr que parte del mismo tenga su origen en fuentes de energía renovables:

- HE0 Limitación del consumo energético
- HE1 Condiciones para el control de la demanda energética
- HE2 Condiciones de las instalaciones térmicas
- HE3 Condiciones de las instalaciones de iluminación
- HE4 Contribución mínima de energía renovable para cubrir la demanda de agua caliente sanitaria
- HE5 Generación mínima de energía eléctrica procedente de fuentes renovables
- HE6 Dotaciones mínimas para la infraestructura de recarga de vehículos eléctricos

3.1. Limitación del consumo energético

Esta sección se aplica a edificios de nueva construcción, y en determinadas actuaciones en edificaciones existentes. En el DB se describen las edificaciones que están excluidas de la aplicación de esta sección.

El consumo energético de los edificios se limitará en función de la zona climática de invierno de su localidad de ubicación, el uso del edificio y, en el caso de edificios existentes, el alcance de la intervención

Esta sección se aplica a edificios de nueva construcción, y en determinadas actuaciones en edificaciones existentes. En el DB se describen las edificaciones que están excluidas de la aplicación de esta sección.

La exigencia de la limitación del consumo del DB se divide en consumo de energía primaria no renovable y en consumo de energía total.

El DB establece el Procedimiento y datos necesarios para la determinación del consumo energético.

3.2. HE1 Condiciones para el control de la demanda energética

Esta sección se aplica a edificios de nueva construcción, y en determinadas actuaciones en edificaciones existentes. En el DB se describen las edificaciones que están excluidas de la aplicación de esta sección.

1. *Para controlar la demanda energética, los edificios dispondrán de una envolvente térmica de características tales que limite las necesidades de energía primaria para alcanzar el bienestar térmico, en función del régimen de verano y de invierno, del uso del edificio y, en el caso de edificios existentes, del alcance de la intervención.*
2. *Las características de los elementos de la envolvente térmica en función de su zona climática de invierno, serán tales que eviten las descompensaciones en la calidad térmica de los diferentes espacios habitables.*
3. *Las particiones interiores limitarán la transferencia de calor entre las distintas unidades de uso del edificio, entre las unidades de uso y las zonas comunes del edificio, y en el caso de las medianerías, entre unidades de uso de distintos edificios.*
4. *Se limitarán los riesgos debidos a procesos que produzcan una merma significativa de las prestaciones térmicas o de la vida útil de los elementos que componen la envolvente térmica, tales como las condensaciones.*

Esta sección se aplica a edificios de nueva construcción, y en determinadas actuaciones en edificaciones existentes. En el DB se describen las edificaciones que están excluidas de la aplicación de esta sección.

La envolvente térmica de los edificios, definida en el Anejo C del DB, deberán cumplir las condiciones correspondientes respecto a:

- Transmitancia de la envolvente térmica.
- Control solar de la envolvente térmica.
- Permeabilidad al aire de la envolvente térmica.

Así mismo también se incluyen limitaciones en las descompensaciones y de condensaciones de la envolvente térmica.

3.3. HE2 Condiciones de las instalaciones térmicas

El objetivo de las instalaciones térmicas será lograr un bienestar térmico de los ocupantes de este.

Las instalaciones térmicas de las que dispongan los edificios serán apropiadas para lograr el bienestar térmico de sus ocupantes. Esta exigencia se desarrolla actualmente en el vigente Reglamento de Instalaciones Térmicas en los Edificios (RITE), y su aplicación quedará definida en el proyecto del edificio.

3.4. HE3 Condiciones de las instalaciones de iluminación

Esta sección se aplica a edificios de nueva construcción, y en determinadas actuaciones en edificaciones existentes. En el DB se describen las edificaciones que están excluidas de la aplicación de esta sección.

Los edificios dispondrán de instalaciones de iluminación adecuadas a las necesidades de sus usuarios y a la vez eficaces energéticamente disponiendo de un sistema de control que permita ajustar el encendido a la ocupación real de la zona, así como de un sistema de regulación que optimice el aprovechamiento de la luz natural, en las zonas que reúnan unas determinadas condiciones.

3.5. Eficiencia energética de las instalaciones de iluminación

Esta sección del DB Ahorro de energía sostiene que los edificios han de disponer de instalaciones de iluminación adecuadas a las necesidades de sus ocupantes siendo, al mismo tiempo, eficientes energéticamente, disponiendo de sistemas de control y regulación que permitan optimizar el aprovechamiento de la luz solar.

Se establece un Valor de Eficiencia Energética de una Instalación de iluminación (VEEI) para una determinada zona, de la forma siguiente:

$$VEEI = \frac{P \cdot 100}{S \cdot E_m}$$

Siendo:

- P: la potencia de la lámpara más el equipo auxiliar (W).
- S: la superficie iluminada (m^2).
- E_m: la iluminancia media mantenida (lux).

Este valor se compara con unos valores umbrales de eficiencia energética obtenidos según la zona y el uso del recinto interior del edificio. Los proyectos de edificios deben, además, disponer de un plan de mantenimiento de las instalaciones de iluminación, de forma que se asegure la adecuada reposición y limpieza de los elementos de iluminación.

3.6. HE4 Contribución mínima de energía renovable para cubrir la demanda de agua caliente sanitaria

Esta sección se aplica a edificios de nueva construcción y a edificios existentes que se reformen de forma integral o se lleve a cabo la reforma de la instalación. También se aplicará a aquellas intervenciones que conlleven una ampliación de la demanda de ACS cuyos límites están determinados en el DB.

También son objeto de esta sección las climatizaciones de las piscinas cubiertas nuevas y de las piscinas existentes en las que se renueva la instalación de generación térmica o en piscinas descubiertas que han pasado a cubiertas.

En el DB se establecen los porcentajes de contribución mínima que se cubrirá con energía procedente de fuentes renovables para el ACS y la climatización de la piscina. Así mismo se incluyen una serie de condicionantes que influyen en los porcentajes que dependen de las fuentes renovables y la tipología de instalaciones.

Los edificios satisfarán sus necesidades de ACS y de calentamiento de agua para la climatización de piscina cubierta empleando en gran medida energía procedente de fuentes renovables o procesos de cogeneración renovables; bien generada en el propio edificio o bien a través de la conexión a un sistema urbano de calefacción.

3.7. HE5 Generación mínima de energía eléctrica procedente de fuentes renovables

Esta sección es aplicable en:

- Edificios de nueva construcción que superen los 1000 m^2 construidos,
- Ampliaciones de edificios cuando dicha ampliación suponga un incremento de más de 1.000 m^2.
- Edificios existentes que se reformen de manera integral o en los que se produzca un cambio de uso, siempre y cuando la superficie construida sea mayor a 1.000 m^2.

Los edificios dispondrán de sistemas de generación de energía eléctrica procedente de fuentes renovables para uso propio o suministro a la red.

La potencia a instalar mínima P_{min} será la menor de las resultantes de estas dos expresiones:

P_{min}: potencia a instalar [kW];
$F_{or,el}$: factor de producción eléctrica que toma valor de 0,005 para uso residencial privado y 0,010 para el resto de usos [kW/m^2];

S: superficie construida del edificio [m²];
S_c: superficie de cubierta no transitable o accesible únicamente para conservación [m²];
S_{oc}: superficie de cubierta no transitable o accesible únicamente para conservación ocupada por captadores solares térmicos [m²];

En edificios protegidos oficialmente se deberá justificar que no se pueda instalar la potencia mínima. Además, se analizarán distintas alternativas, adoptándose la solución que alcance la mayor potencia instalada posible.

3.8. HE6 Dotaciones mínimas para la infraestructura de recarga de vehículos eléctricos

Esta sección se aplica a edificios de nueva construcción, y en determinadas actuaciones en edificaciones existentes. En el DB se describen las edificaciones que están excluidas de la aplicación de esta sección.

Las exigencias definidas en el DB respecto a las instalaciones necesarias para la recarga de vehículos eléctricos, dependerá del uso del edificio.

Los edificios dispondrán de una infraestructura mínima que posibilite la recarga de vehículos eléctricos. Esta infraestructura de recarga de vehículos eléctricos cumplirá con lo dispuesto en el vigente Reglamento electrotécnico de baja tensión y en su Instrucción Técnica Complementaria (ITC) BT 52 "Instalaciones con fines especiales. Infraestructura para la recarga de vehículos eléctricos".

Usted trabaja en una promotora que quiere construir un edificio en Madrid. El edificio tiene las siguientes características:

- **Superficie construida: 2592 m²**
- **Tiene 7 plantas a razón de 4 viviendas por planta.**
- **Tiene unos 400 m² de cubierta no transitable.**

Continúa en página siguiente >>

<< Viene de página anterior

Se ha propuesto instalar 60 m² de captadores térmicos.

¿Qué potencia mínima se deberá instalar?

SOLUCIÓN

La potencia a instalar mínima P_{min} será la menor de las resultantes de estas dos expresiones:

P_{min}: potencia a instalar [kW];
$F_{or,el}$: factor de producción eléctrica que toma valor de 0,005 para uso residencial privado y 0,010 para el resto de usos [kW/m²];
S: superficie construida del edificio [m²];
S_c: superficie de cubierta no transitable o accesible únicamente para conservación [m²];
S_{oc}: superficie de cubierta no transitable o accesible únicamente para conservación ocupada por captadores solares térmicos [m²];
$P_1 = 0,005 \times 2.592 = 12,96$ kW
$P_2 = 0,1 \times (0,5 \times 400 - 60) = 14,00$ kW

La potencia mínima a instalar será de 12,96 kW.

4. Reglamento de Instalaciones Térmicas en Edificios (RITE) y sus Instrucciones Técnicas Complementarias (ITE)

El Reglamento de Instalaciones Térmicas en Edificios (RITE) establece las condiciones que han de cumplir las instalaciones térmicas en los edificios al objeto de atender las necesidades de bienestar térmico de sus ocupantes y conseguir, al mismo tiempo, un uso más racional de la energía consumida.

Se encuentra en vigor desde julio de 2007, habiendo sido modificado posteriormente en varias ocasiones para adecuarlo a las nuevas directivas del Parlamento Europeo. En concreto, en 2013 se ha actualizado para trasponer la Directiva 2010/31/UE relativa a la eficiencia energética de los edificios y en 2021se ha actualizado para transponer la Directiva (UE) 2018/844 que modifica a su vez la Directiva 2010/31/UE relativa a la eficiencia energética de los edificios y la Directiva 2012/27/UE relativa a la eficiencia energética. Este reglamento solo es aplicable a las instalaciones térmicas no industriales en edificios de nueva construcción o, bajo determinadas condiciones, en edificios reformados.

El objetivo principal de incrementar la eficiencia energética en las instalaciones de climatización y Agua Caliente Sanitaria (ACS) es disminuir las emisiones de CO_2 a la atmósfera, sin que esto afecte de forma negativa al bienestar térmico de los ocupantes de los edificios.

Esto supone actuar sobre el diseño, explotación y mantenimiento de estos equipos.

El reglamento exige, además, que estas instalaciones dispongan de contadores que permitan a sus ocupantes conocer el consumo energético real y el reparto del mismo entre los distintos usuarios del edificio.

El consumo energético de un edificio es una variable dependiente, por un lado, de la demanda del edificio, y por otro, del rendimiento de sus instalaciones:

$$\text{Consumo energético} = \frac{\text{Demanda de Energía}}{\text{Rendimiento del Sistema}}$$

Cálculo del consumo energético en edificios

La **demanda energética máxima** se tipifica en el CTE, estando limitada en función del clima y la carga interna del edificio, mientras que el rendimiento se regula en el RITE.

Para disminuir el consumo energético de un edificio se puede, por tanto:

- Reducir la demanda.
- Aumentar el rendimiento de los equipos térmicos.
- Actuar conjuntamente sobre ambos.

Sabía que...

El bienestar térmico o confort térmico depende de los intercambios de calor entre el cuerpo y el medio en el que se encuentra. Este concepto fue introducido en 1970 por el profesor Povl Ole Fanger (Universidad de Copenhagen) en su publicación "Thermal Confort". La evaluación del bienestar térmico es algo complejo por cuanto implica cierto juicio subjetivo de cada individuo.

Aplicación práctica

La demanda media anual de energía de una vivienda unifamiliar es de 5,0 kW/h y el rendimiento de la caldera dado por el fabricante es del 0,88. Para diseñar adecuadamente el sistema energético de la vivienda se debe conocer el consumo energético de la vivienda, las pérdidas en energía y las posibles formas de reducir este consumo, por tanto, debe responder a las siguientes preguntas:

¿Cuál es el consumo energético de la vivienda?

¿Cuáles son las pérdidas en energía del sistema de calefacción?

¿Cómo actuaría para reducir el consumo energético?

SOLUCIÓN

El consumo energético está relacionado con la demanda media anual y el rendimiento de la caldera y es el siguiente:

$$\text{Consumo (kW/h)} = 5{,}0/0{,}88 = 5{,}68 \text{ kW/h}$$

Continúa en página siguiente >>

<< Viene de página anterior

En cuanto a las pérdidas, para calcularla se deberá efectuar la siguiente operación:

Pérdida (%) = (1-0,88) x 100 = 12 %

El sistema tiene unas pérdidas del 12 %*.

Para reducir el consumo energético se puede actuar sobre la demanda, es decir, tener conectada la caldera menos horas al año o a menor potencia, o bien sustituir o mejorar la caldera para que aumente su rendimiento.

* La pérdida se da multiplicada por 100 para obtener el valor en tantos por ciento. Cuando se usa en la fórmula se da el rendimiento como 0,88, que es lo mismo que decir que tiene un rendimiento del 88 %, pero decir que tiene unas pérdidas de 0,12 quedaría extraño.

Actividades

2. Buscar información sobre el rendimiento de diferentes equipos de uso común en el ámbito doméstico, tales como: caldera, climatizador, electrodomésticos, etc.

Las ITC (Instrucciones Técnicas Complementarias) componen la segunda parte del RITE y en ellas se tratan y desarrollan técnicamente cada una de las cuestiones de obligado cumplimiento. También incluyen información sobre cómo deben ser realizadas y mantenidas las instalaciones, y las normas UNE de referencia.

Las ITC se agrupan, según el punto en el que se encuentre la instalación, en:

- Instrucción técnica IT 1: Diseño y dimensionado.
- Instrucción técnica IT 2: Montaje.

- Instrucción técnica IT 3: Mantenimiento y uso.
- Instrucción técnica IT 4: Inspección.

En cada una de ellas se incluye una sección que trata la eficiencia energética según se esté diseñando la instalación, si ya se encuentra en funcionamiento, etc.

Así en la **IT 1: Diseño y dimensionado** es en la **sección IT 1.2. Exigencia de eficiencia energética, energías renovables y residuales** en la que se establece el ámbito de aplicación, el procedimiento de verificación que debe seguirse para la correcta aplicación de esta exigencia en el diseño y dimensionado de las instalaciones térmicas (procedimiento simplificado o procedimiento alternativo), la documentación justificativa de la exigencia de eficiencia energética que contendrá el proyecto o memoria técnica (de acuerdo con el procedimiento simplificado o alternativo elegido), y los parámetros que sirven para establecerla, y su cuantificación y forma de calcularlos, según se trate de instalaciones generadoras de calor y frío, de instalaciones generadoras de calor, de instalaciones generadoras de frío, de redes de tuberías y conductos, del control de las instalaciones de climatización, de las condiciones termo-higrométricas, de la calidad del aire interior en las instalaciones de climatización, de la contabilización de consumos, de la recuperación de energía, del aprovechamiento de energías renovables, y de la limitación de la utilización de energía convencional.

En la **Instrucción técnica IT 2:** Montaje, es en su apartado **IT 2.4. Eficiencia Energética** donde se establece la obligatoriedad de la empresa instaladora de realizar y documentar las pruebas de eficiencia energética que aparecen reflejadas en el RITE.

En la **Instrucción técnica IT 3:** Mantenimiento y uso, se incluye el apartado **IT 3.4. Programa de Gestión Energética,** en el que se explica quién será responsable de realizar el análisis y evaluación periódica de la instalación, qué tipo de registro llevará con el fin de evaluar periódicamente la eficiencia energética de los mismos, y la periodicidad con la que se comprobará el cumplimiento de la exigencia de la sección HE4 del CTE.

Finalmente, la **Instrucción técnica IT 4:** Inspección, dedica dos apartados a la eficiencia energética:

- **IT 4.2. Inspecciones Periódicas de Eficiencia Energética:** se indican las instalaciones que serán inspeccionadas, qué se inspeccionará y en qué consistirá esa inspección. También qué tipo de documentos se redactarán para informar de los resultados de esta evaluación.
- **IT 4.3. Periodicidad de las Inspecciones de Eficiencia Energética:** la periodicidad de las inspecciones se fijará en función del tipo de instalación (generación de calor, de frío o de la instalación térmica completa) y de la potencia de la misma.

5. Reglamento Electrotécnico de Baja Tensión y sus instrucciones técnicas complementarias

El Reglamento Electrotécnico de Baja Tensión (REBT) establece las condiciones y garantías que deben reunir las instalaciones eléctricas conectadas a fuentes generadoras de baja tensión, con la finalidad, entre otras, de preservar la seguridad de las personas, asegurar el normal funcionamiento de las instalaciones y contribuir a la fiabilidad técnica y a la eficiencia económica de las instalaciones.

Se encuentra en vigor desde septiembre de 2002, habiendo sufrido varias revisiones siendo la última de 23 de marzo de 2023. Se aplica a todas aquellas instalaciones nuevas o a las existentes que sufran modificaciones importantes (que afecten a más del 50 % de la potencia instalada) y que trabajen con:

- Corriente alterna igual o inferior a 1.000 V.
- Corriente continua igual o inferior a 1.500 V.

El REBT se compone de dos partes: la primera parte consta de 29 artículos en los que se exponen las cuestiones legales y administrativas que deben cumplir las instalaciones eléctricas de baja tensión, y la segunda parte consta de 52 Instrucciones Técnicas Complementarias o ITC que recogen los aspectos técnicos a los que deben adaptarse estas instalaciones.

En concreto, la novena Instrucción Técnica Complementaria (ITC-BT 09) del reglamento hace referencia a las instalaciones de alumbrado exterior, haciendo hincapié en la forma en que deben proyectarse con el fin de conseguir ahorros energéticos.

6. Reglamento de Eficiencia Energética en Instalaciones de Alumbrado Exterior y sus Instrucciones Técnicas Complementarias (ITC)

El reglamento de Eficiencia Energética en Instalaciones de Alumbrado Exterior se aprobó por Real Decreto 1890/2008, de 14 de noviembre, por el que se aprueba el reglamento de Eficiencia Energética en Instalaciones de Alumbrado Exterior y sus Instrucciones Técnicas Complementarias EA-01 a EA-07. En él se establecen las condiciones técnicas de diseño, ejecución y mantenimiento que deben reunir las instalaciones de alumbrado exterior, al objeto de:

- Incrementar la eficiencia y ahorro energético.
- Disminuir las emisiones de gases de efecto invernadero.
- Disminuir el nivel de contaminación luminosa.

Se encuentra en vigor desde el 1 de abril de 2009 y se aplica a todas aquellas instalaciones que cuenten con más de 1 kW de potencia instalada, de las siguientes, incluidas en el REBT:

- Las de alumbrado exterior, a las que se refiere la ITC-BT 09.
- Las de fuentes, objeto de la ITC-BT 31.
- Las de alumbrados festivos y navideños, contempladas en la ITC-BT 34.

En este reglamento, el **artículo 4. Eficiencia energética** indica cuáles son los requisitos mínimos que deberán cumplir las instalaciones de alumbrado exterior con el fin de lograr una eficiencia energética adecuada, y en las Instrucciones Técnicas Complementarias, denominadas ITC-EA, se especifican los aspectos técnicos y de desarrollo de las previsiones establecidas en el reglamento. Concretamente, en la ITC-EA 01 se explica qué es la eficiencia energética de una instalación y se indican los valores de eficiencia energética de referencia.

La ITC-EA-06 de este reglamento se dedica al mantenimiento de la eficiencia energética de este tipo de instalaciones. Se explica que el mantenimiento es necesario para asegurar el mejor funcionamiento posible y lograr una idónea eficiencia energética, y se exponen los motivos que hacen necesario este mantenimiento. Se estudia cómo calcular la pérdida que ha sufrido la instalación partiendo de sus características iniciales, quién y qué se puede inspeccionar, y cómo llevar el registro de las operaciones de mantenimiento realizadas.

Actividades

3. Investigar quién puede realizar los diferentes trabajos de mantenimiento de una instalación de alumbrado exterior.

7. Normativa autonómica y ordenanzas municipales

El Real Decreto 390/2021 regula el procedimiento de certificación de la eficiencia energética en edificios. En él se establece que "el certificado de eficiencia energética del edificio debe presentarse por el promotor o propietario, en su caso, al órgano competente de la Comunidad Autónoma en materia de certificación energética de edificios para el registro de estas certificaciones en su ámbito territorial".

De aquí se deduce que entre las funciones correspondientes a las Comunidades Autónomas se encuentra la habilitación de un registro de certificados de eficiencia energética de ámbito autonómico En el artículo 9. Control de los certificados de eficiencia energética se establece que "el órgano competente de la Comunidad Autónoma en materia de certificación energética de edificios establecerá y aplicará un sistema de control independiente de los certificados de eficiencia energética".

También se establece la forma en la que se producirá la elección de los edificios que serán inspeccionados y las comprobaciones que en ella se realizarán, y que estos controles los podrán realizar agentes independientes autorizados para este fin, en los que el órgano competente de la Comunidad Autónoma podrá delegar esta responsabilidad. También se establece la forma de actuar cuando no coincida la calificación energética presentada con la obtenida al realizar el control externo.

De esta legislación se desprende que es necesario que cada Comunidad Autónoma ponga en marcha su correspondiente Registro Autonómico de Certificados de Eficiencia Energética de los Edificios mediante la aprobación de una norma que contemple el procedimiento administrativo para su funcionamiento.

El objeto de estos certificados es valorar la eficiencia energética de cada edificio mediante una etiqueta con una letra que puede variar desde la clase A (los más eficientes energéticamente) hasta la clase G (los menos eficientes).

En la siguiente tabla se indica qué comunidades autónomas han puesto en funcionamiento su propio registro y qué norma lo regula.

ESTADO ACTUAL DEL REGISTRO DE CERTIFICADOS DE EFICIENCIA ENERGÉTICA POR CC. AA. Y NORMA REGULADORA

COMUNIDAD AUTÓNOMA	NORMA REGULADORA	ESTADO REGISTRO CERTIFICADOS
Andalucía	Orden de 9 de diciembre de 2014	Activo
Canarias	Decreto 26/2009, de 3 de marzo	Activo
Extremadura	Decreto 136/2009, de 12 de junio	Activo
Galicia	Decreto 128/2016, de 25 de agosto	Activo
Comunidad Valenciana	Decreto 112/2009, de 31 de julio	Activo
Navarra	Orden Foral 7/2010, de 21 de enero	Activo
Castilla la Mancha	Decreto 6/2011, de 1 de febrero	Activo
Castilla y León	Decreto 55/2011, de 15 de septiembre	Activo
País Vasco	Decreto 240/2011, de 22 de noviembre	Activo
Murcia	Orden de 24 de mayo de 2013	Activo
Aragón	Orden EIE/418/2018, de 23 de febrero	Activo

Continúa en página siguiente >>

<< Viene de página anterior

ESTADO ACTUAL DEL REGISTRO DE CERTIFICADOS DE EFICIENCIA ENERGÉTICA POR CC. AA. Y NORMA REGULADORA		
COMUNIDAD AUTÓNOMA	**NORMA REGULADORA**	**ESTADO REGISTRO CERTIFICADOS**
Asturias	Resolución de 28 de diciembre de 2017, de la Consejería de Empleo, Industria y Turismo	Activo
Comunidad de Madrid	Orden de 14 de junio de 2013	Activo
Cataluña	Aplicación de R. D. 390/2021	Activo
La Rioja	Decreto 22/2013, de 26 de julio	Activo
Cantabria	Orden INN/16/2013, de 27 de mayo	Activo
Baleares	Aplicación de R. D. 390/2021	Activo
Melilla	Aplicación de R. D. 390/2021	Activo
Ceuta	Aplicación de R. D. 390/2021	Activo

Actividades

4. ¿Qué papel juegan las comunidades autónomas en la Certificación Energética de los edificios?

En cuanto a las ordenanzas municipales, los ayuntamientos tienen una gran capacidad reguladora en lo referente a edificación, urbanismo o medio ambiente entre otras materias. Competencias estas que tienen importantes sinergias en el ámbito de la eficiencia energética.

Entre otras áreas de competencia municipal se puede citar la gestión de los edificios municipales, instalaciones o servicios públicos como el transporte. De hecho, muchos ayuntamientos, por encontrarse en un nivel más cercano al ciudadano, se han adelantado a la promulgación de las normas estatales y han ido publicando ordenanzas con el objetivo de reducir la demanda energética en los edificios tanto de forma activa como de forma pasiva.

A este respecto, mediante las ordenanzas municipales se pretende la promoción de diseños constructivos sostenibles, que en el marco de los diferentes PGOU pueden traducirse en un una mejora de la eficiencia energética, siendo los puntos básicos en los que puede establecerse una política energética municipal, la introducción de las energías renovables y la promoción de la instalación de sistemas de calefacción y refrigeración eficientes en edificios de viviendas e institucionales.

Mediante las ordenanzas municipales, los ayuntamientos pueden promover y fomentar un mayor ahorro energético y un uso más eficiente de la energía, potenciando la implantación a nivel local del uso de las energías renovables, principalmente la energía solar térmica de baja temperatura destinada a la producción de agua caliente sanitaria.

En el marco de las competencias municipales, las ordenanzas tienen por objeto regular las instalaciones térmicas en cuanto a la introducción de las energías renovables en los edificios y construcciones, incorporando los sistemas de captación y utilización de energía solar activa, al objeto de disminuir las emisiones de contaminantes a la atmósfera, además de mejorar su eficiencia energética. Con ello se pretende conseguir una mejora sustancial los sistemas energéticos de los municipios en los que se implanten, garantizando que las instalaciones de acondicionamiento térmico sean eficientes y que se mantengan las condiciones de confort y calidad del aire, con lo que mejorará o la calidad de vida de los ciudadanos y se favorecerá la sostenibilidad.

8. Pliegos de prescripciones técnicas

Los **pliegos de prescripciones técnicas** son los documentos contractuales donde se indican los requisitos que deben cumplirse en las obras o servicios contratados. Este documento debe recoger todos los aspectos técnicos que rigen el proyecto, desde la descripción y características de los materiales a utilizar hasta las especificaciones aplicables al proceso de ejecución.

Por ello, los pliegos son una herramienta muy útil donde hacer especial incidencia en los aspectos relacionados con la eficiencia energética de los edificios y sus instalaciones a la hora de garantizar el cumplimiento de unos estándares mínimos de calidad y eficiencia energética de los mismos.

El Instituto para la Diversificación y Ahorro de la Energía (IDAE), junto con la Asociación Española de Empresas de Mantenimiento Integral de Edificios, Infraestructuras e Industrias (AMI) y la Federación Española de Municipios y Provincias (FEMP) elaboraron un modelo de contrato de servicios energéticos y mantenimiento en edificios municipales al objeto de integrar en los procedimientos y normativa de la Administración Pública un mayor nivel de ahorro en el consumo energético.

9. Resumen

Es imprescindible conocer el conjunto de la normativa aplicable al mantenimiento y mejora de las instalaciones en los edificios, ya que además de ser de obligado cumplimiento en unos casos, en otros, es muy aconsejable conocer las recomendaciones que sobre ellos se realizan.

El de mayor importancia es el Código Técnico de Edificación, que abarca conceptos tan amplios como la limitación de la demanda energética, el rendimiento de las instalaciones o la eficiencia energética, entre otros. El conocimiento de estos conceptos es fundamental para la mejora de las instalaciones en los edificios.

Por otra parte, existen otros reglamentos más técnicos pero igual de importantes, como son los que afectan al alumbrado exterior, a las instalaciones térmicas o a las instalaciones de baja tensión. El conjunto de estos reglamentos, así como sus Instrucciones Técnicas Complementarias, recogen normativa de obligado cumplimiento, así como recomendaciones que son necesarias considerar.

Otras normativas de ámbito autonómico y local que, como se ha comentado, son muy variables, también tienen como objetivo conseguir y mantener la eficiencia energética en los edificios.

Ejercicios de repaso y autoevaluación

1. De las siguientes frases, indique cuál es verdadera o falsa.

a. Para reducir el consumo energético de un edificio se puede reducir la demanda.

- ☐ Verdadero
- ☐ Falso

b. Para reducir el consumo energético de un edificio se puede reducir el rendimiento de los equipos.

- ☐ Verdadero
- ☐ Falso

c. La evaluación del nivel de eficiencia energética atiende a diversas variables, tales como la envolvente térmica del edificio, las instalaciones de climatización e iluminación, etc.

- ☐ Verdadero
- ☐ Falso

d. La etiqueta de eficiencia energética otorga la letra A al edificio más eficiente.

- ☐ Verdadero
- ☐ Falso

2. Nombre las dos variables con las que está relacionada la demanda energética de un edificio:

____

____

____

____

3. **¿Cuáles son las variables de las que depende el Valor de Eficiencia Energética de una Instalación de iluminación?**

4. **¿De qué depende el valor de la eficiencia energética de una instalación de iluminación?**

5. **De las siguientes frases, indique cuál es verdadera o falsa.**

   a. El Valor de Eficiencia Energética de una Instalación de iluminación crece a medida que lo hace la superficie iluminada, a igualdad del resto de valores.

      ☐ Verdadero
      ☐ Falso

   b. El Valor de Eficiencia Energética de una Instalación de iluminación crece a medida que lo hace la potencia de la lámpara, a igualdad del resto de valores.

      ☐ Verdadero
      ☐ Falso

   c. El Valor de Eficiencia Energética de una Instalación de iluminación crece a medida que lo hace la iluminancia media mantenida, a igualdad del resto de valores.

      ☐ Verdadero
      ☐ Falso

   d. El Valor de Eficiencia Energética de una Instalación de iluminación se mide en W/m^2 lux.

      ☐ Verdadero
      ☐ Falso

6. ¿Cuál es el ámbito de aplicación de la sección HE5 Generación mínima de energía eléctrica procedente de fuentes renovables del DB-HE?

7. ¿A qué instalaciones se aplica el Reglamento Electrotécnico de Baja Tensión (REBT)?

8. ¿Qué valor toma el factor de producción de energía, en el caso de edificios residenciales en la fórmula de la potencia instalada en la sección HE5 Generación mínima de energía eléctrica procedente de fuentes renovables?

   a. 0,005
   b. 0,001
   c. 0,5
   d. 0,008

9. Enumere los objetivos del reglamento de Eficiencia Energética en Instalaciones de Alumbrado Exterior.

10. ¿A partir de qué potencia instalada se aplica el reglamento de Eficiencia Energética en Instalaciones de Alumbrado Exterior?

11. ¿Qué establece el CTE para aquellos edificios donde se prevea una demanda de ACS o de climatización para una piscina cubierta?

____

____

____

____

12. ¿En qué parte del reglamento de Eficiencia Energética en Instalaciones de Alumbrado Exterior se indica cuáles son los requisitos mínimos que deberán cumplir las instalaciones de alumbrado exterior con el fin de lograr una eficiencia energética adecuada?

a. Artículo 1.
b. Artículo 4.
c. ITC-EA-06.
d. ITC-EA-01.

13. ¿En qué parte del RITE se explica quién será responsable de realizar el análisis y evaluación periódica de la instalación, qué tipo de registro llevará con el fin de evaluar periódicamente la eficiencia energética de los mismos, y la periodicidad con la que se comprobará el cumplimiento de la exigencia de la sección HE4 del CTE.?

a. En la Instrucción técnica IT 2: Montaje, en la IT 2.4. Eficiencia Energética.
b. En la Instrucción técnica IT 4: Inspección, en la 4.2. Inspecciones Periódicas de Eficiencia Energética.
c. En la Instrucción técnica IT 4: Inspección, en la IT 4.3. Periodicidad de las Inspecciones de Eficiencia Energética.
d. En la Instrucción técnica IT 3: Mantenimiento y uso, se incluye el apartado IT 3.4. Programa de Gestión Energética.

14. Complete el siguiente texto.

Mediante las ______ ______, los ayuntamientos pueden promover y fomentar un mayor ______ ______ y un uso más _________ de la energía, potenciando la implantación a nivel local del uso de las energías _________, principalmente la energía solar ______ ______ ______ ______ destinada a la producción de agua caliente sanitaria.

15. Considerando un consumo energético de 75 kW/h y un rendimiento del sistema del 75 %, ¿cuál es la demanda energética?

a. 56,3 kW/h.
b. 18,8 kW/h.
c. 75 kW/h.
d. 37,5 kW/h.

Bibliografía

Monografías

- GUMÁ Torá, M., CATALINA, A., SOLER, M.: *Manual de prevención y control de la legionelosis.* DIRECCIÓN GENERAL DE LA SALUD PÚBLICA, noviembre 2003.

- Ministerio de Industria, Turismo y Comercio: *Guía de mantenimiento de Instalaciones Térmicas.* IDAE, 2007.

- Ministerio de Industria, Turismo y Comercio: *Guía técnica de agua caliente sanitaria central.* IDAE, 2010.

- Ministerio de Industria, Turismo y Comercio: *Guía técnica de contabilización de consumos.* IDAE, 2007.

- RUIZ Ruiz, L.: *Manipulación manual de cargas.* GUÍA TÉCNICA DEL INSHT, diciembre 2011.

Textos electrónicos, bases de datos y programas informáticos

- Guía técnica para la Prevención y Control de la Legionelosis en instalaciones del Ministerio de Sanidad, de: <https://www.sanidad.gob.es/ciudadanos/saludAmbLaboral/agenBiologicos/guia.htm>.

- IDAE: Guía Técnica. Contabilización de consumos individuales de calefacción en instalaciones térmicas de edificios R. D. 736/2020. Madrid, de: < https://www.idae.

es/sites/default/files/documentos/publicaciones_idae/guia_de_contabilidad_de_consumos_individuales_calefaccion_rd736_2020.pdf>.

- Recomendaciones para la prevención y control de la legionelosis del Ministerio de Sanidad, de: <https://www.sanidad.gob.es/ciudadanos/saludAmbLaboral/agenBiologicos/legionelosis.htm>.

Legislación

- Real Decreto 87/2022, de 21 de junio, por el que se establecen los requisitos sanitarios para la prevención y el control de la legionelosis.

- Real Decreto 450/2022, de 14 de junio, por el que se modifica el Código Técnico de la Edificación, aprobado por el Real Decreto 314/2006, de 17 de marzo.

- Real Decreto 390/2021, de 1 de junio, por el que se aprueba el procedimiento básico para la certificación de la eficiencia energética de los edificios.

- Real Decreto 238/2013, de 5 de abril, por el que se modifican determinados artículos e instrucciones técnicas del reglamento de Instalaciones Térmicas en los Edificios, aprobado por Real Decreto 1027/2007, de 20 de julio.

- Real Decreto 1890/2008, de 14 de noviembre, de Eficiencia Energética en Instalaciones de Alumbrado Exterior y sus Instrucciones Técnicas Complementarias EA-01 a EA-07.

- Real Decreto 1027/2007, de 20 de julio, por el que se aprueba el reglamento de instalaciones térmicas en los edificios.

- Real Decreto 314/2006, de 17 de marzo, por el que se aprueba el Código Técnico de la Edificación.